EL LIBRO PERTENECE
A

TABLA DE CONTENIDO

CRÁNEO (VISTA FRONTAL)

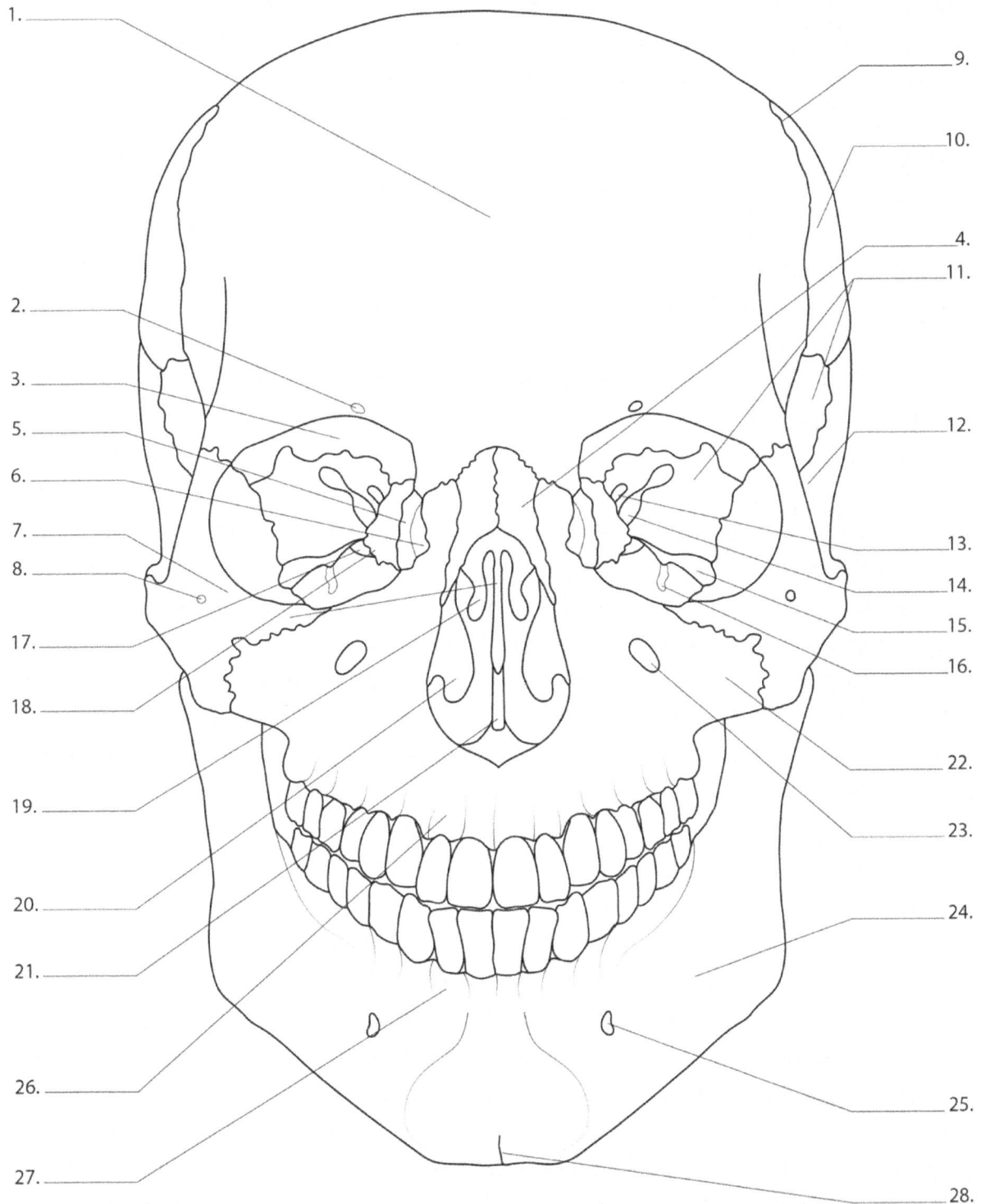

1.

2.

3.

5.

6.

7.

8.

17.

18.

19.

20.

21.

26.

27.

9.

10.

4.

11.

12.

13.

14.

15.

16.

22.

23.

24.

25.

28.

CRÁNEO (VISTA FRONTAL)

1. Hueso frontal
2. Foramen supraorbitario
3. Cavidad orbitaria
4. Hueso nasal
5. Hueso lagrimal
6. Fosa lagrimal
7. Hueso cigomático
8. Fosa cigomaticofacial
9. Sutura coronal
10. Hueso parietal
11. Hueso esfenoides
12. Hueso temporal
13. Canal óptico
14. Fisura orbitaria superior
15. Fisura orbitaria inferior
16. Surco infraorbitario
17. Hueso palatino
18. Hueso etmoides
19. Cornete medio
20. Cornete inferior
21. Vomer
22. Maxilar
23. Foramen infraorbitario
24. Mandíbula
25. Agujero mentoniano
26. Proceso alveolar del maxilar
27. Proceso alveolar de la mandíbula
28. Protuberancia mental de la mandíbula

BASE CRANEAL (VISTA EXTERNA)

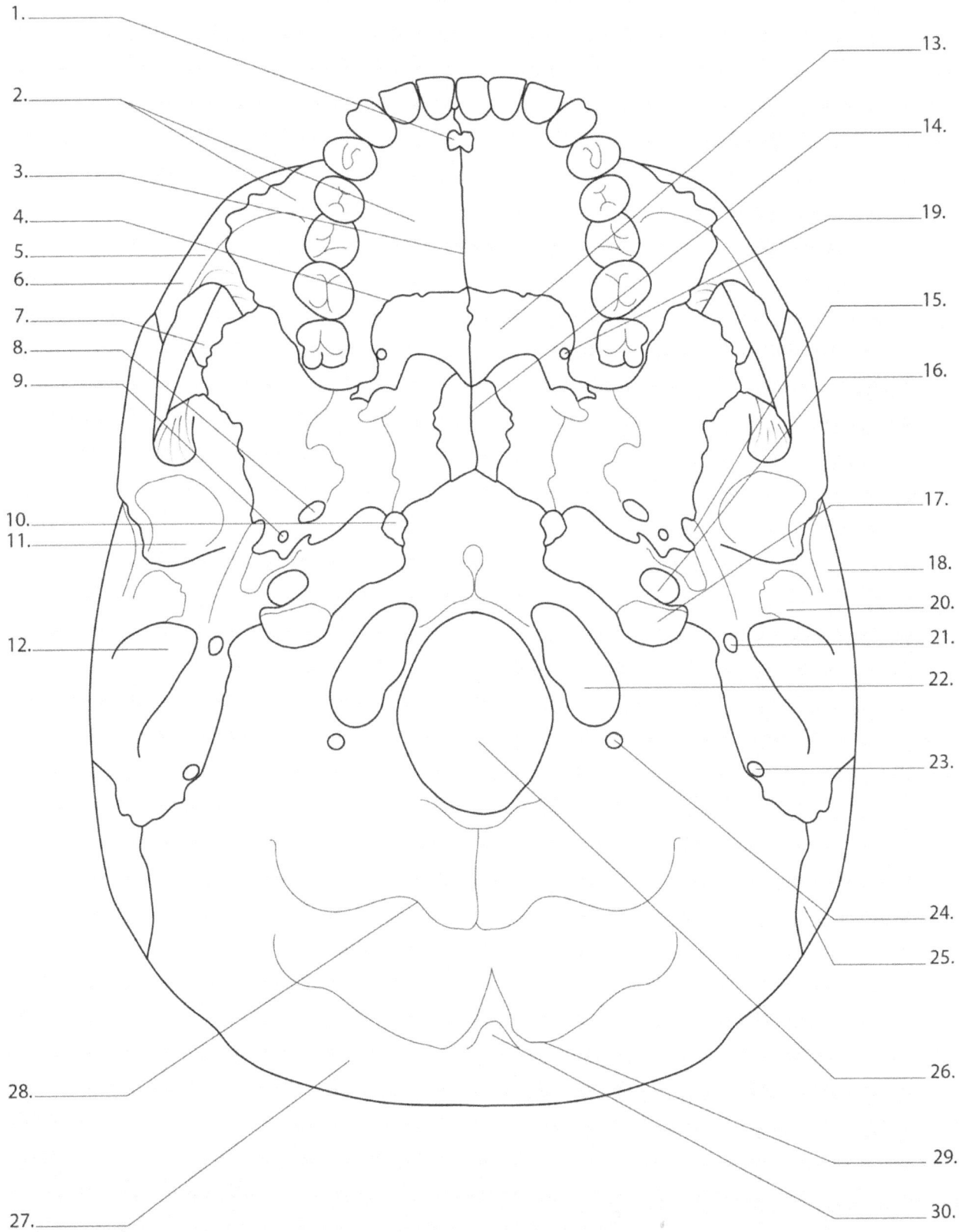

1.

2.

3.

4.

5.

6.

7.

8.

9.

10.

11.

12.

13.

14.

19.

15.

16.

17.

18.

20.

21.

22.

23.

24.

25.

26.

28.

29.

30.

27.

BASE CRANEAL (VISTA EXTERNA)

1. Foramen incisivo
2. Maxilar
3. Sutura palatina mediana
4. Sutura palatina tansversa
5. Hueso cigomático
6. Arco cigomático
7. Hueso frontal
8. Foramen oval (hueso esfenoides)
9. Foramen espinoso
10. Foramen lacerum (perforación lacerada)
11. Fosa mandibular
12. Apófisis mastoides
13. Hueso palatino
14. Vomer
15. Proceso estiloide
16. Conducto carotídeo
17. Foramen yugular
18. Hueso temporal
19. Nervio palatino mayor
20. Meato auditivo externo
21. Foramen estilomastoideo
22. Cóndilo occipital
23. Foramen mastoideo
24. Fosa condilar
25. Hueso parietal
26. Foramen magno
27. Hueso occipital
28. Línea nucal inferior
29. Línea nucal superior
30. Protuberancia occipital externa

BASE CRANEAL (VISTA INTERNA)

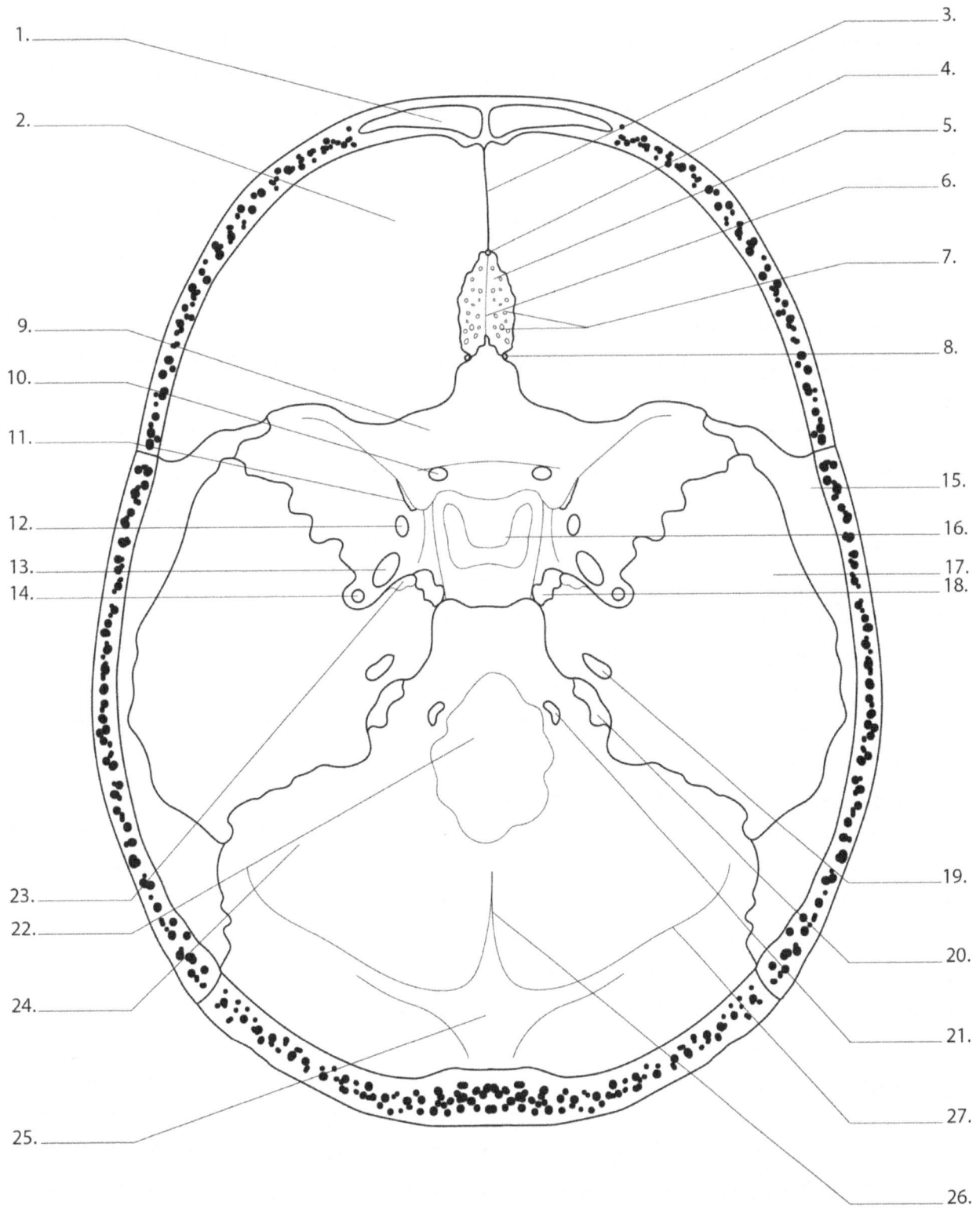

1.

2.

3.

4.

5.

6.

7.

8.

9.

10.

11.

12.

13.

14.

15.

16.

17.

18.

19.

20.

21.

22.

23.

24.

25.

26.

27.

BASE CRANEAL (VISTA INTERNA)

1. Seno frontal
2. Hueso frontal
3. Cresta Foramen
4. Foramen ciego
5. Hueso etmoides
6. Crista galli
7. Lámina cribosa
8. Foramen etmoides posterior
9. Hueso esfenoides
10. Foramen óptico
11. Fisura orbital superior
12. Foramen redondo mayor
13. Foramen oval (hueso esfenoides)
14. Foramen espinoso
15. Hueso parietal
16. Sella turcica
17. Hueso temporal
18. Foramen lacerum (perforación lacerada)
19. Conducto auditivo interno
20. Foramen yugular
21. Conducto del hipogloso
22. Foramen magno
23. Conducto carotídeo
24. Hueso occipital
25. Protuberancia occipital interna
26. Cresta occipital interna
27. Surco para el seno transverso

ARTICULACIÓN TEMPOROMANDIBULAR (VISTA LATERAL)

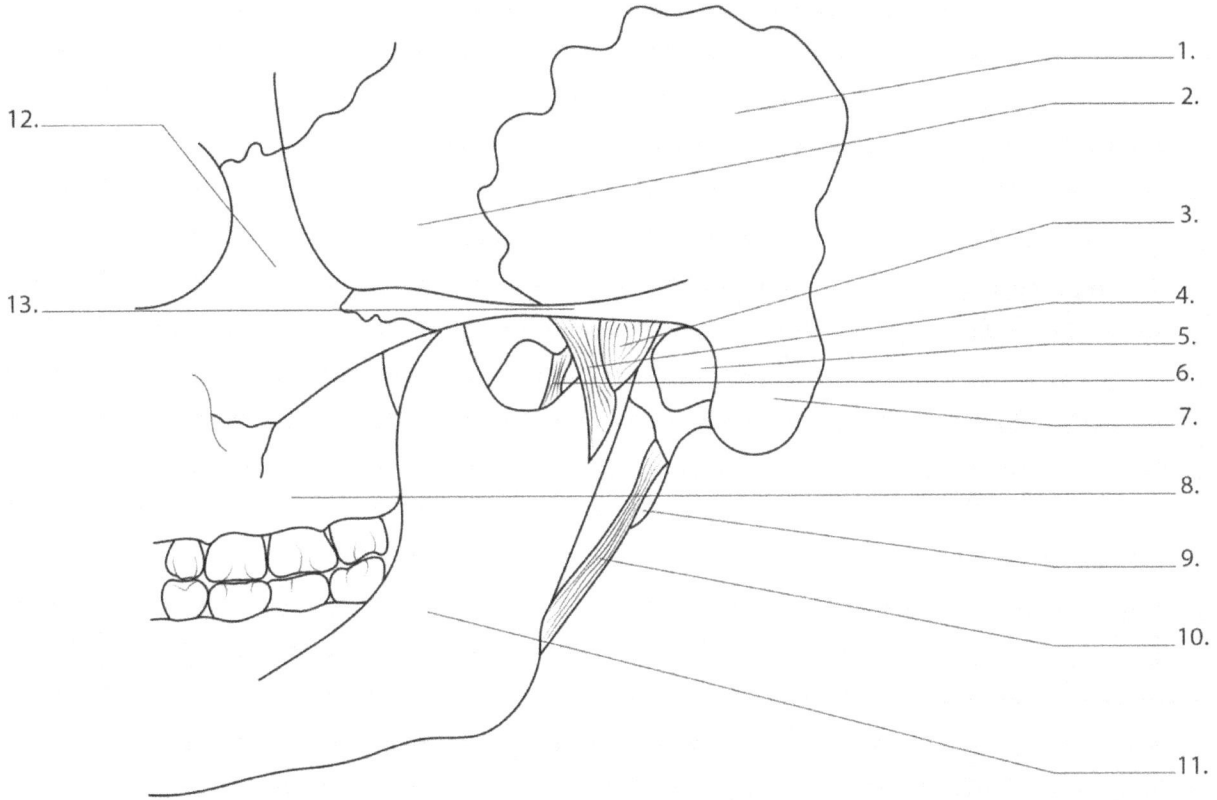

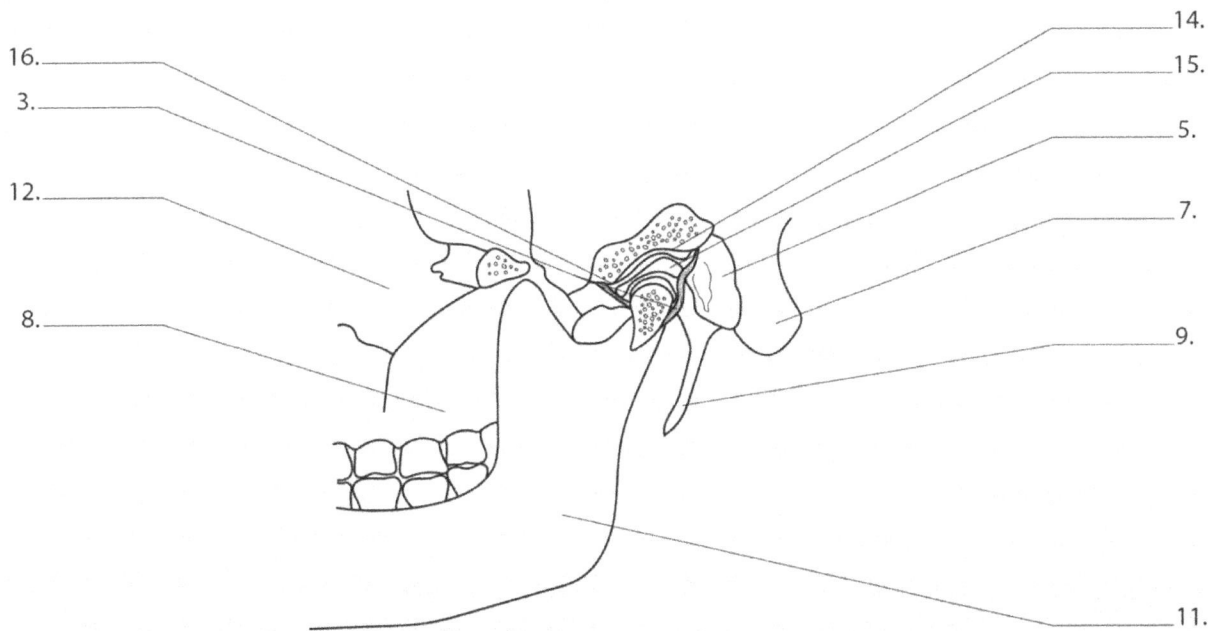

12.

13.

1.

2.

3.

4.

5.

6.

7.

8.

9.

10.

11.

16.

3.

12.

8.

14.

15.

5.

7.

9.

11.

ARTICULACIÓN TEMPOROMANDIBULAR (VISTA LATERAL)

1. Hueso temporal
2. Hueso esfenoides
3. Cápsula articular
4. Ligamento colateral
5. Meato auditivo externo
6. Ligamento esfenomandibular (ligamento lateral interno)
7. Apófisis mastoides
8. Maxilar
9. Proceso estiloide
10. Ligamento estilomandibular
11. Ramo de la mandíbula
12. Hueso cigomático
13. Arco cigomático
14. Mandíbula fosa
15. Disco articular
16. Tubérculo articular

MÚSCULOS DE LA CARA (VISTA FRONTAL)

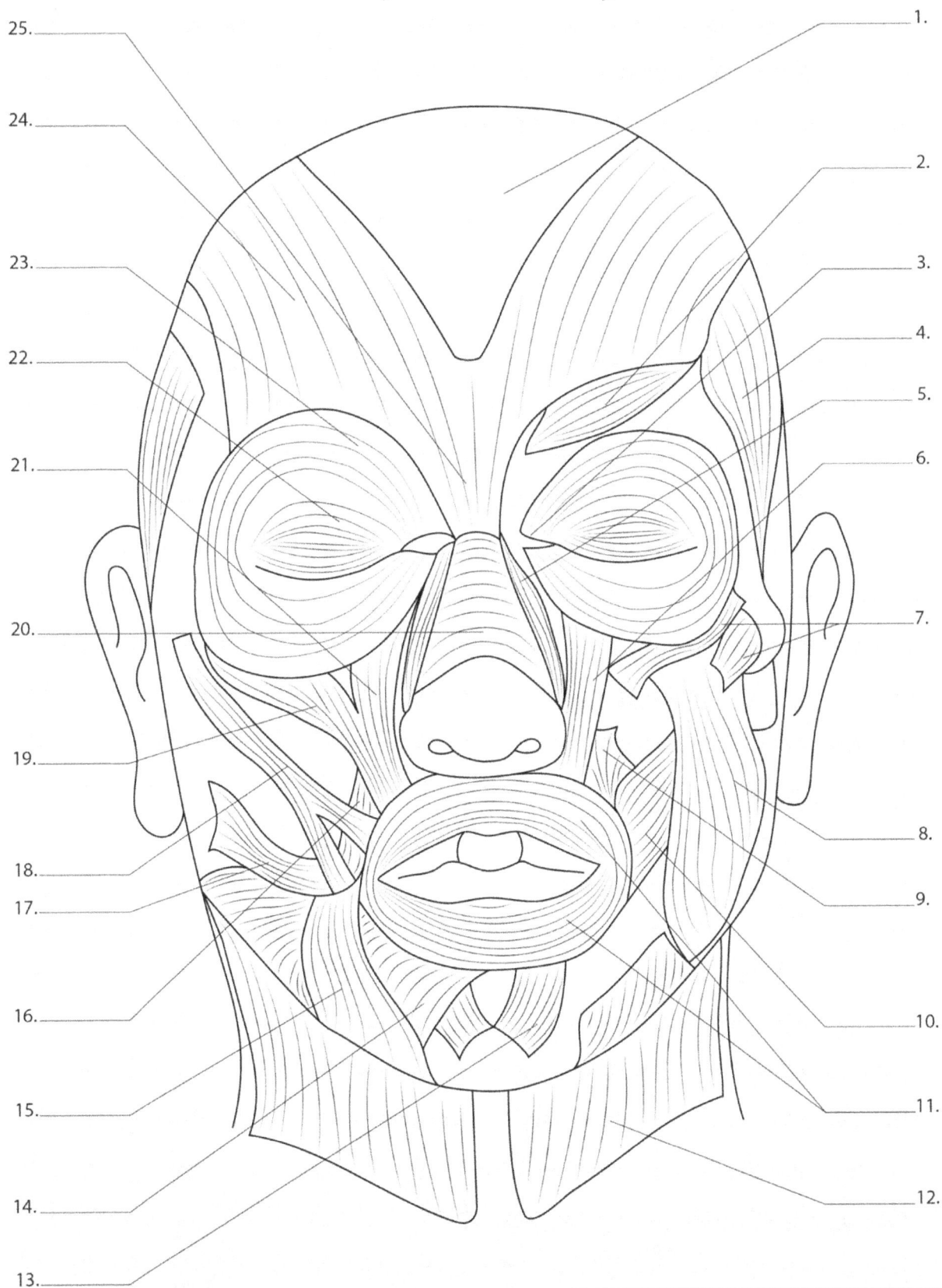

25.

24.

23.

22.

21.

20.

19.

18.

17.

16.

15.

14.

13.

1.

2.

3.

4.

5.

6.

7.

8.

9.

10.

11.

12.

MÚSCULOS DE LA CARA (VISTA FRONTAL)

1. Galea aponeurótica
2. Músculo corrugador superciliar
3. Músculo elevador labii superioris alaeque nai
4. Músculo temporal
5. Músculo nasal (transverse nasalis)
6. Levator labii superior del músculo
7. Músculo cigomático menor y mayor
8. Músculo masetero
9. Músculo elevador anguli oris
10. Músculo buccinador
11. Músculo orbicular de los ojos
12. Platisma
13. Músculo mentoniano
14. Depresor muscular labii inferioris
15. Músculo depresor anguli oris
16. Músculo elevador anguli oris
17. Músculo risorio
18. Músculo cigomático mayor
19. Músculo cigomático menor
20. Músculo nasal (alar nasalis)
21. Músculo elevador labii superioris
22. Músculo orbicular de los ojos (porción palpebral)
23. Músculo orbicularis oculi (porción orbitalis)
24. Músculo occipitofrontal (porción frontal)
25. Músculo procerus

MÚSCULOS DE CARA Y CUELLO (VISTA LATERAL)

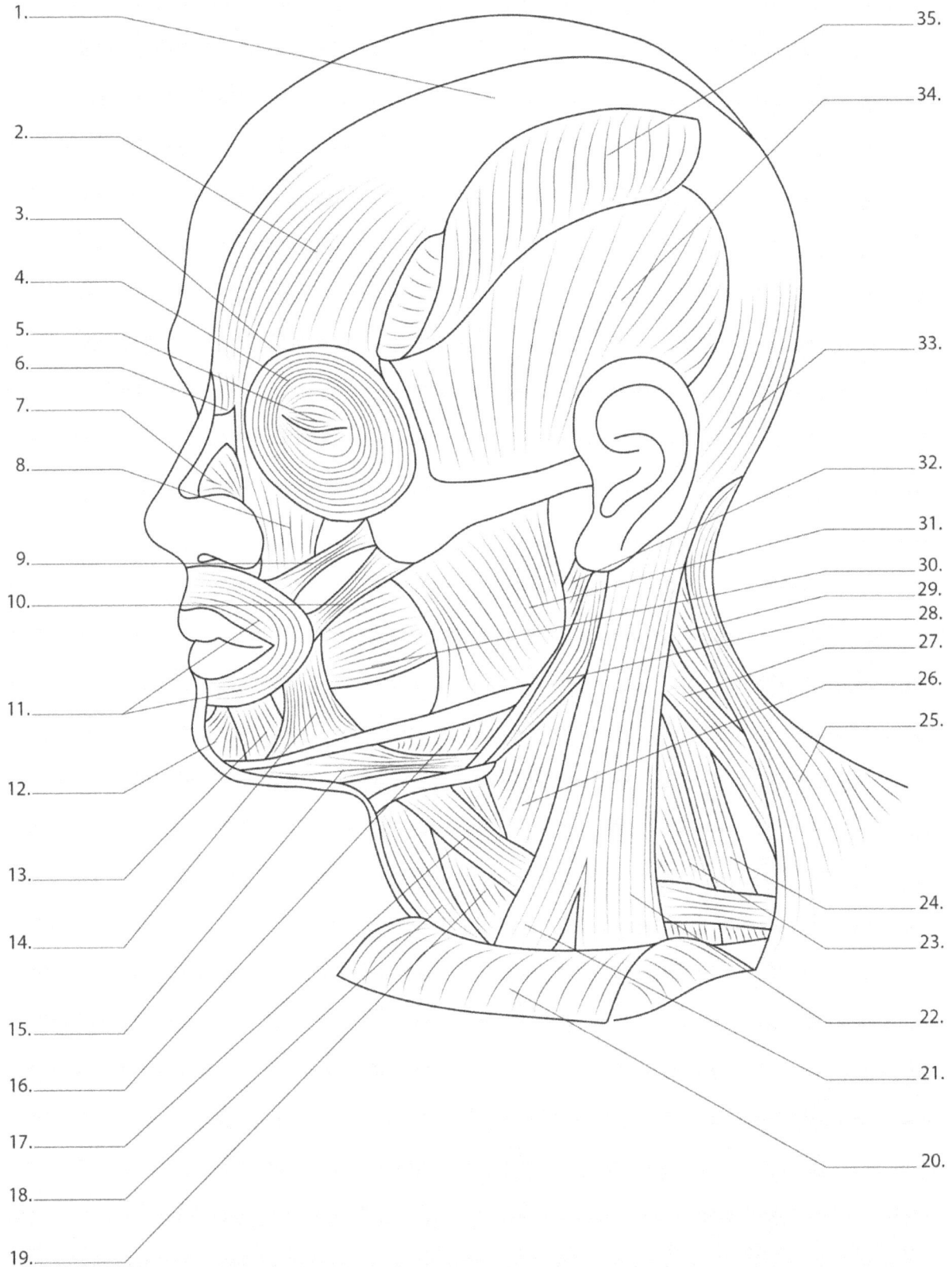

1.
2.
3.
4.
5.
6.
7.
8.
9.
10.
11.
12.
13.
14.
15.
16.
17.
18.
19.

35.
34.
33.
32.
31.
30.
29.
28.
27.
26.
25.
24.
23.
22.
21.
20.

MÚSCULOS DE CARA Y CUELLO
(VISTA LATERAL)

1. Galea aponeurótica
2. Vientre frontal del músculo occipitofrontalis
3. Corrugador muscular suprcilii
4. Músculo orbicular de los ojos (porción palpebral)
5. Músculo orbicularis oculi (porción orbitalis)
6. Músculo procerus
7. Músculo nasal
8. Músculo elevador labii superiorus
9. Músculo cigomático menor
10. Músculo cigomático mayor
11. Músculo orbicular de los ojos
12. Músculo mentoniano
13. Depresor muscular labii inferioris
14. Músculo depresor anguli oris
15. Músculo digástrico (vientre anterior)
16. Músculo milohioideo
17. Músculo omohioideo
18. Músculo esternocleidohioideo
19. Músculo tirohioideo
20. Platisma
21. Esternocleidomastoideo muscular (cabeza del esternón)
22. Esternocleidomastoideo muscular (cabeza clavicular)
23. Músculo escaleno medio
24. Músculo escaleno posterior
25. Músculo Trapecio
26. Músculo constrictor faringe
27. Escápula elevadora del músculo
28. Músculo digástrico (vientre posterior)
29. Músculo esplenio
30. Músculo buccinador
31. Músculo masetero
32. Músculo estilohioideo
33. Vientre occipital del músculo occipitofrontal
34. Músculo temporal
35. Músculo temporoparietal

HUESOS DE CABEZA Y CUELLO (VISTA LATERAL)

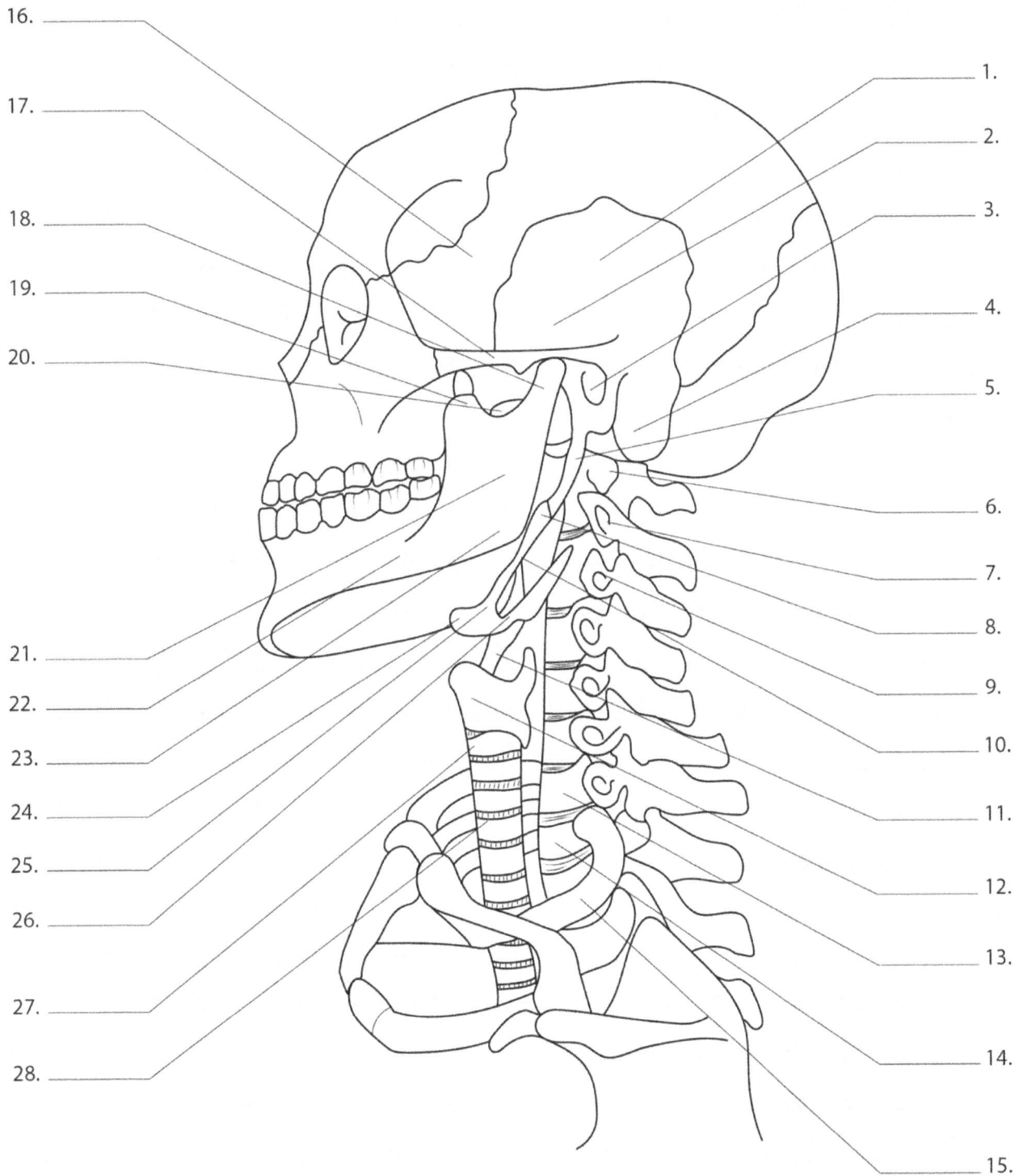

16.

17.

18.

19.

20.

21.

22.

23.

24.

25.

26.

27.

28.

1.

2.

3.

4.

5.

6.

7.

8.

9.

10.

11.

12.

13.

14.

15.

HUESOS DE CABEZA Y CUELLO
(VISTA LATERAL)

1. Hueso temporal
2. Fosa infratemporal
3. Meato auditivo externo
4. Apófisis mastoides
5. Proceso estiloide
6. Atlas (C1)
7. Eje (C2)
8. Ligamento estilomandibular
9. Vértebra C3
10. Ligamento estilohioideo
11. Epiglotis
12. Cartílago tiroides
13. Vértebra C7
14. Vértebra T1
15. Primera costilla
16. Hueso esfenoides
17. Arco cigomático
18. Proceso condilar de la mandíbula
19. Apófisis coronoides de la mandíbula
20. Muesca mandibular (incisura)
21. Ramo de la mandíbula
22. Cuerpo de la mandíbula
23. Ángulo de la mandíbula
24. Cuerpo del hueso hioides
25. Cuerno menor de hueso hioides
26. Cuerno mayor de hueso hioides
27. Cartílago cricoides
28. Tráquea

MÚSCULOS DEL PECHO (VISTA FRONTAL)

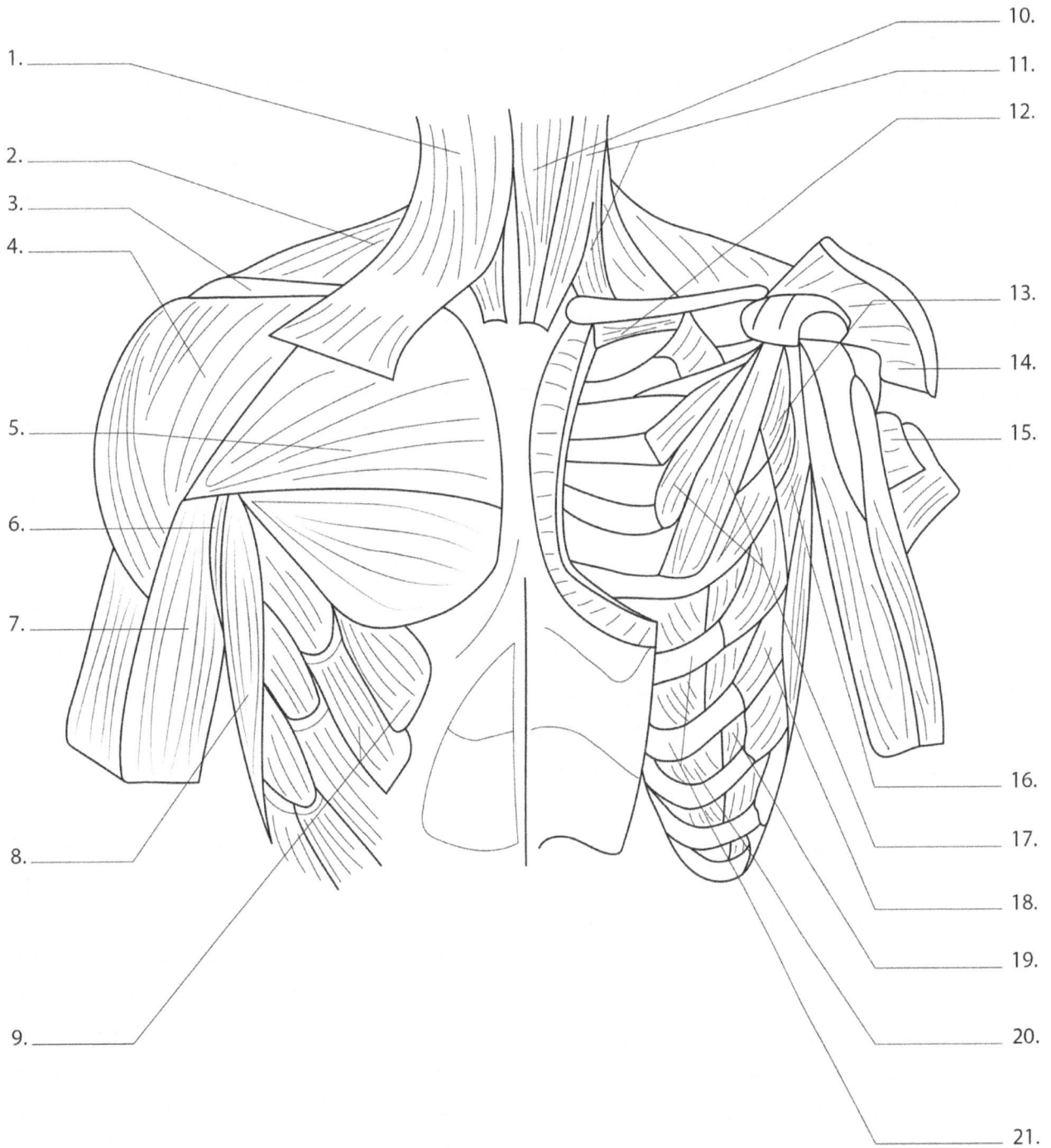

1.
2.
3.
4.
5.
6.
7.
8.
9.
10.
11.
12.
13.
14.
15.
16.
17.
18.
19.
20.
21.

MÚSCULOS DEL PECHO (VISTA FRONTAL)

1. Músculo platysma
2. Músculo Trapecio
3. Clavícula muscular
4. Músculo deltoides
5. Músculo pectoral principal
6. Músculo coracobraquial
7. Músculo bíceps braquial
8. Músculo latissimus dorsi
9. Músculo oblicuo abdominal externo
10. Músculo esternocleidohioideo
11. Músculo esternocleidomastoideo
12. Músculo subclavio
13. Músculo deltoides (corte)
14. Músculo subescapular
15. Músculo pectoral principal(corte)
16. Músculo redondo mayor
17. Músculo peitoral menor
18. Músculo serrato anterior
19. Músculo intercostal externo
20. Músculo intercostal interno
21. Costillas

MÚSCULOS DEL PECHO (VISTA TRASERA)

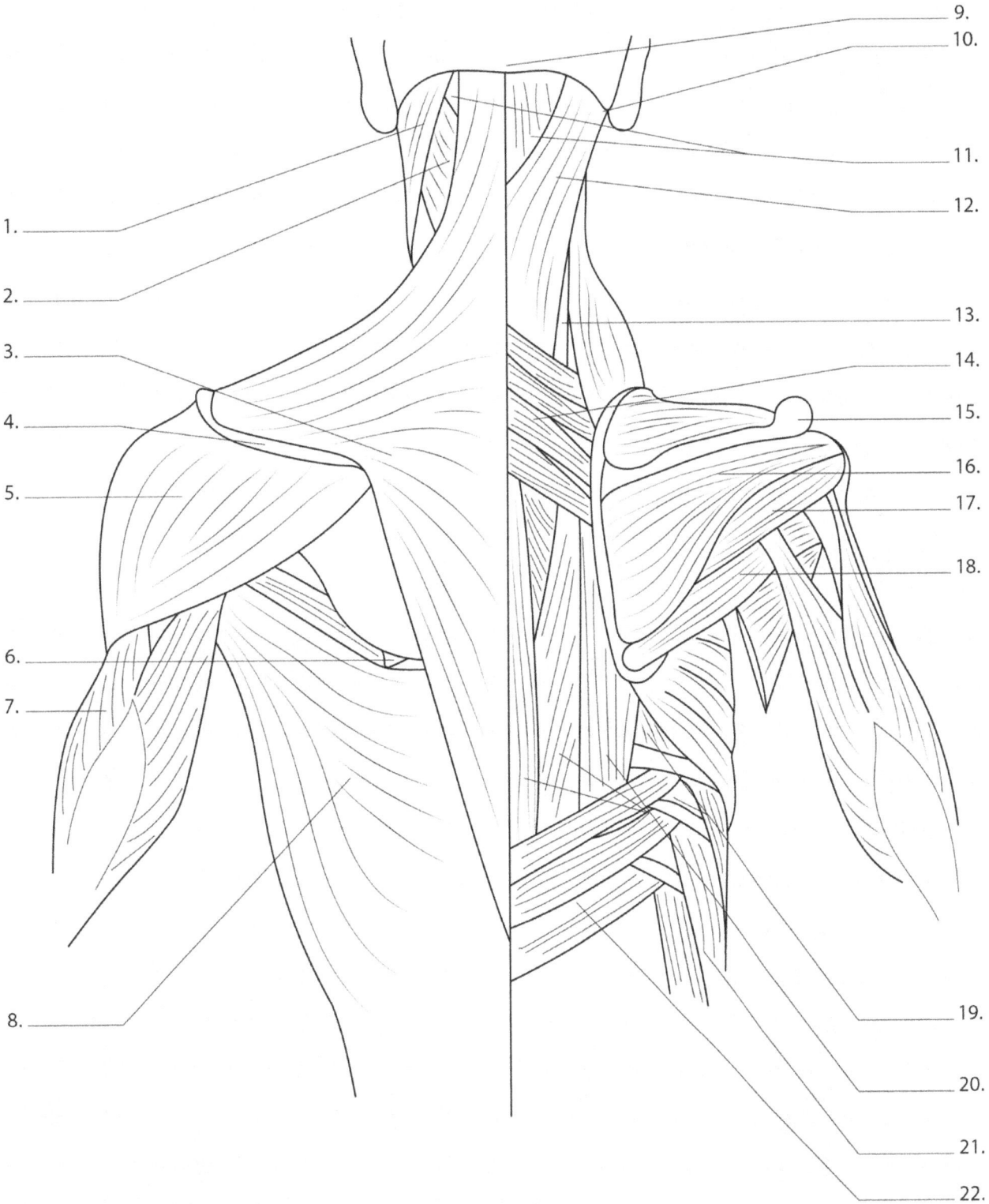

1.

2.

3.

4.

5.

6.

7.

8.

9.

10.

11.

12.

13.

14.

15.

16.

17.

18.

19.

20.

21.

22.

MÚSCULOS DEL PECHO (VISTA TRASERA)

1. Músculo esternocleidomastoideo

2. Músculo esplenio de la cabeza

3. Músculo Trapecio

4. Espina de la escápula

5. Músculo deltoides

6. Ángulo inferior de la escápula

7. Músculo tríceps braquial

8. Músculo latissimus dorsi

9. Protuberancia occipital externa

10. Proceso mastoideo del hueso temporal

11. Músculo capitis semiespinal

12. Músculo esplenio de la cabeza

13. Músculo esplenio cervicis

14. Músculo serrato posterior superior

15. Proceso acromion de la escápula

16. Músculo infraespinoso

17. Músculo redondo menor

18. Músculo redondo mayor

19. Músculo intercostal externo

20. Músculo erector de la columna grupo)

21. Músculo oblicuo abdominal externo

22. Músculo serrato posterior inferior

HUESOS DEL PECHO (VISTA FRONTAL Y POSTERIOR)

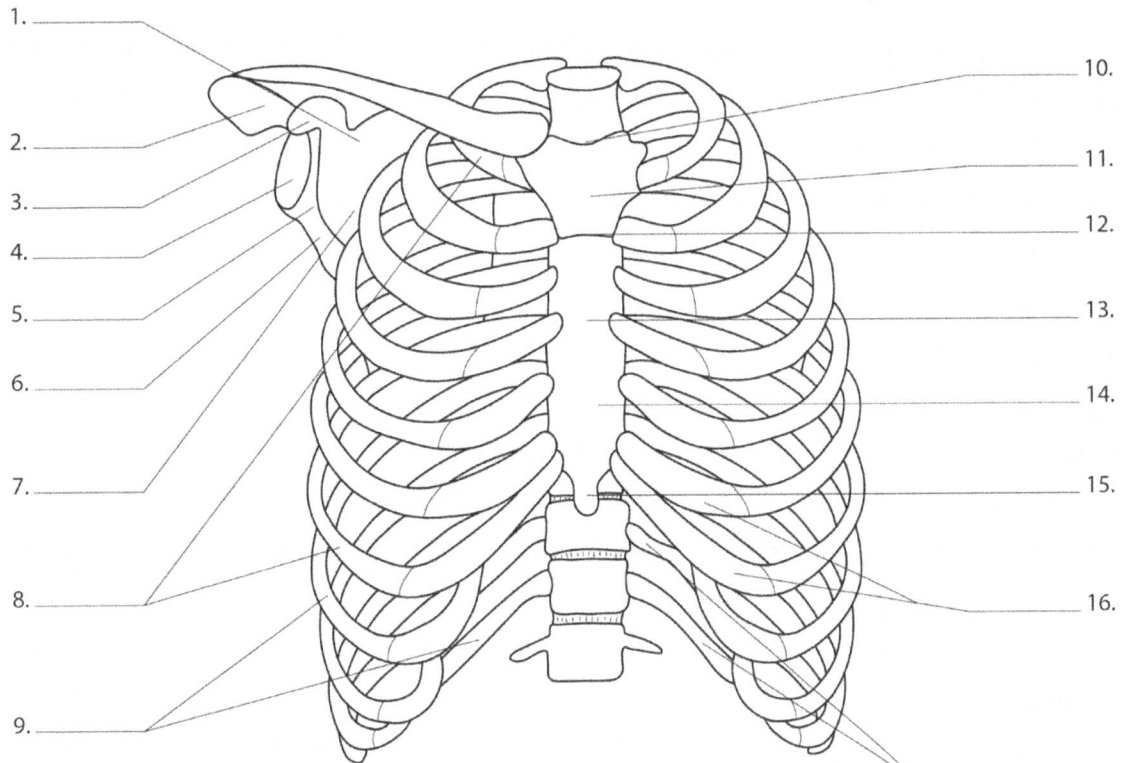

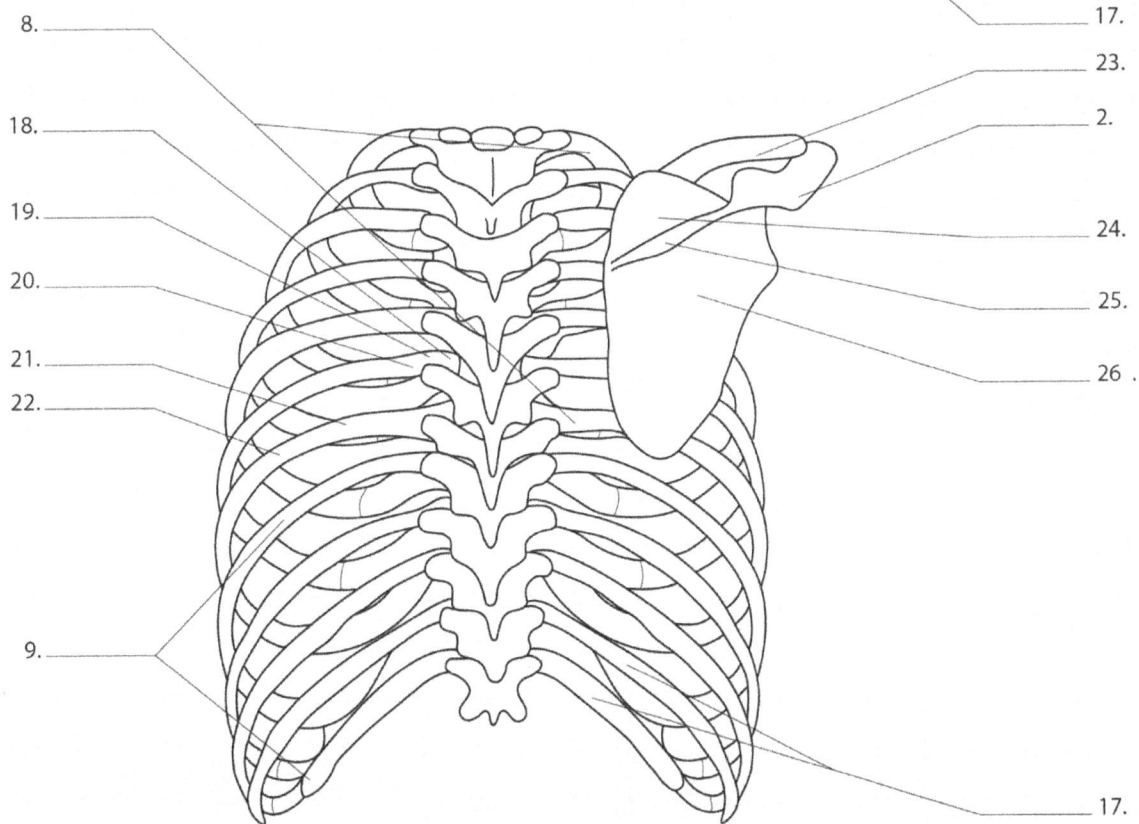

HUESOS DEL PECHO (VISTA FRONTAL Y POSTERIOR)

1. Burato supraescapular
2. Acromion de escápula
3. Apófisis coracoides de la escápula
4. Cavidad glenoidea de la escápula
5. Cuello de escápula
6. Escápula
7. Fosa subescapular
8. Costillas verdaderas (1-7)
9. Costillas falsas (8-12)
10. Muesca yugular del esternón
11. Manubrio del esternón
12. Ángulo del esternón
13. Cuerpo de esternón
14. Esternón
15. Apófisis xifoides
16. Cartílago costal
17. Costillas flotantes (11-12)
18. Cabeza de costillas
19. Cuello de costillas
20. Tubérculo de costillas
21. Ángulo de costillas
22. Cuerpo de costillas
23. Clavícula
24. Fosa supraespinosa de la escápula
25. Espina de la escápula
26. Fosa infraespinosa de la escápula

ÓRGANOS DE LA CAVIDAD TORÁCICA (VISTA FRONTAL)

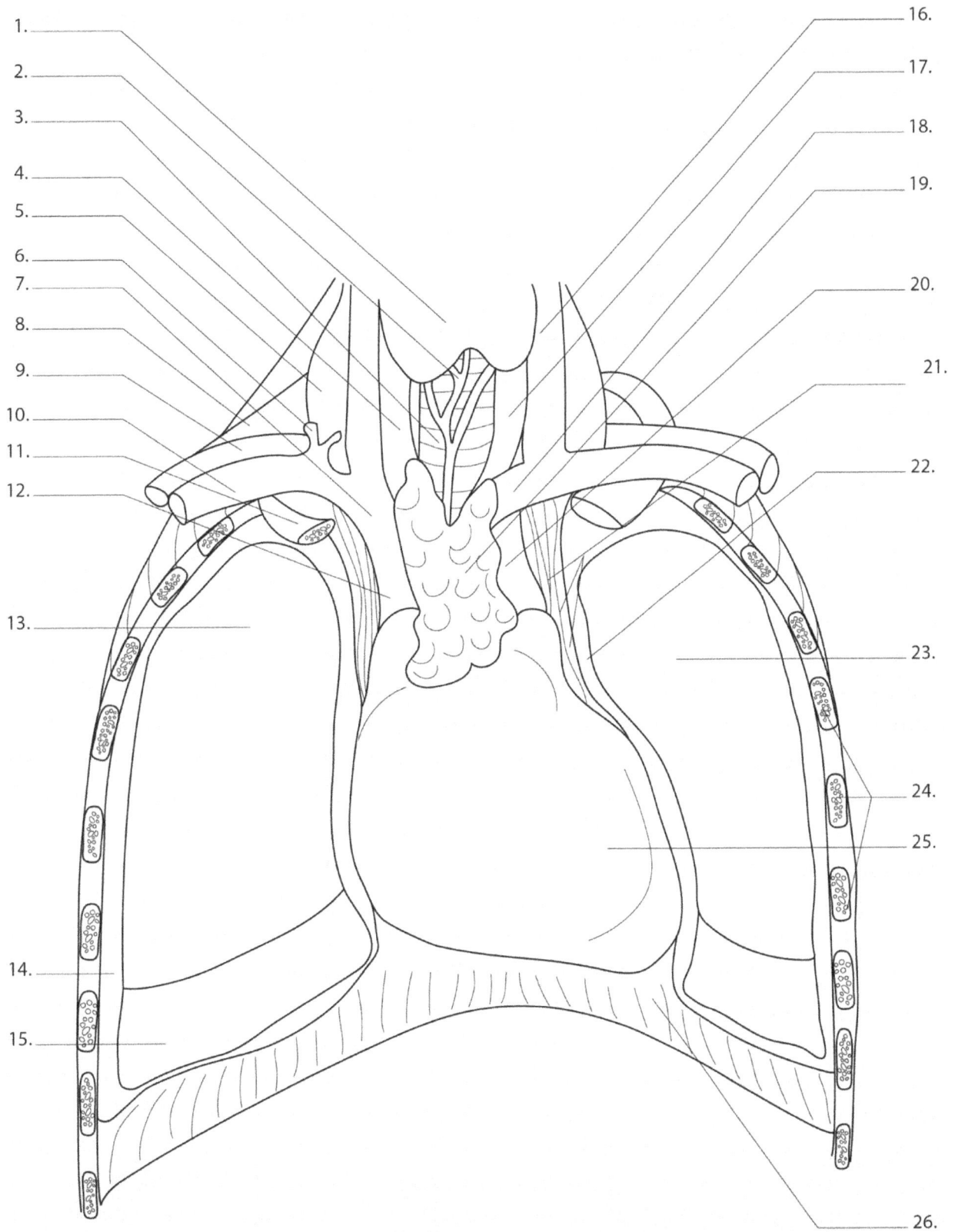

1.
2.
3.
4.
5.
6.
7.
8.
9.
10.
11.
12.
13.
14.
15.

16.
17.
18.
19.
20.
21.
22.
23.
24.
25.
26.

ÓRGANOS DE LA CAVIDAD TORÁCICA (VISTA FRONTAL)

1. Glándula tiroides
2. Vena tiroidea inferior
3. Tráquea
4. Tronco braquiocefálico
5. Músculo escaleno anterior
6. Vena yugular externa
7. Vena braquiocefálica derecha
8. Plexo braquial
9. Arteria subclavia
10. Vena subclavia
11. Primera costilla
12. Vena cava superior
13. Pulmón derecho
14. Parte costal de la pleura parietal
15. Parte diafragmática de la pleura parietal
16. Vena yugular interna
17. Arteria carótida común izquierda
18. Vena braquiocefálica izquierda
19. Glándula timo
20. Arco de aorta
21. Nervio frénico y arteria y vena pericardiacofrénicas
22. Pulmon izquierdo
23. Costillas
24. Corazón
25. Diafragma

PULMONES

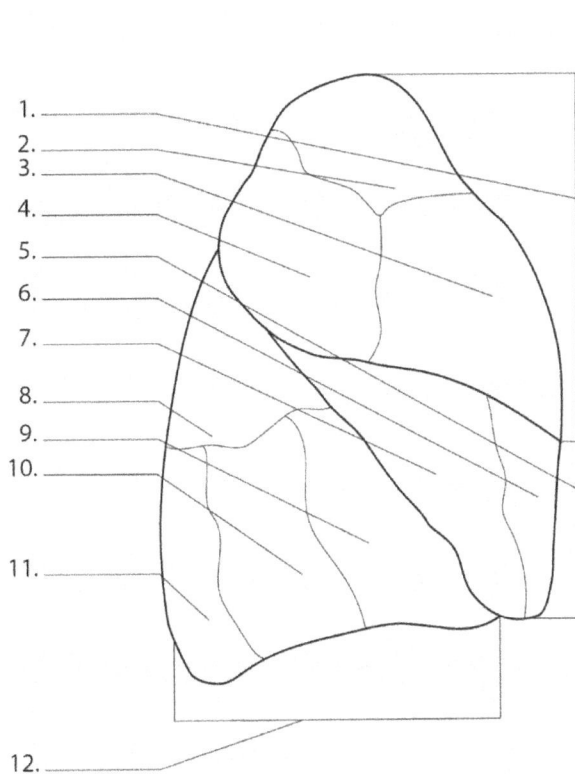
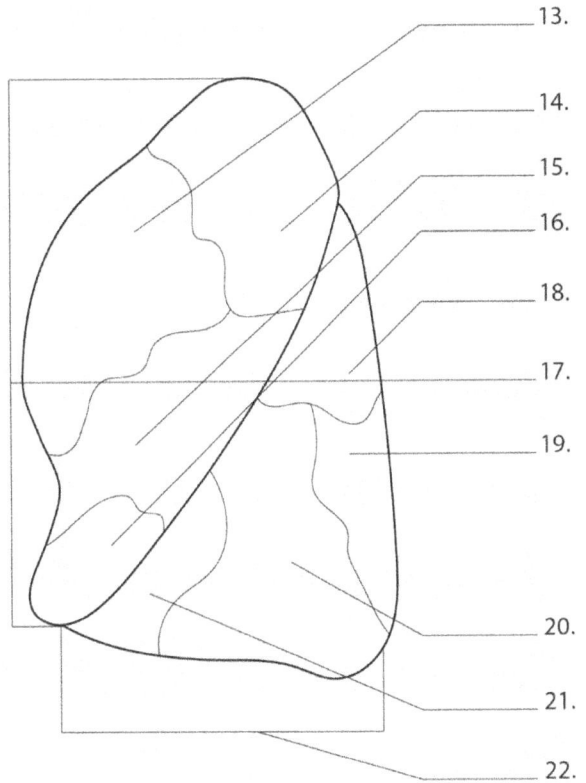

1.
2.
3.
4.
5.
6.
7.
8.
9.
10.

11.

12.

13.
14.
15.
16.
18.
17.

19.

20.

21.

22.

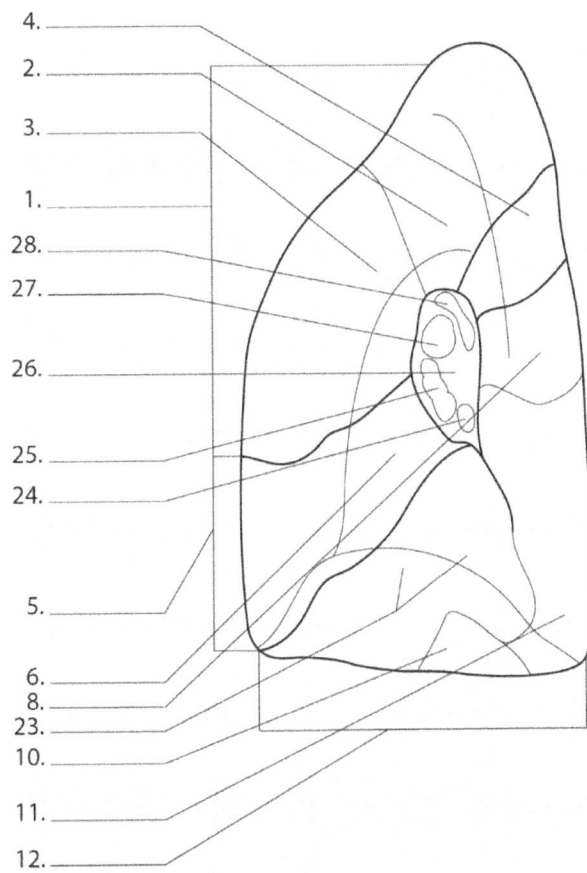
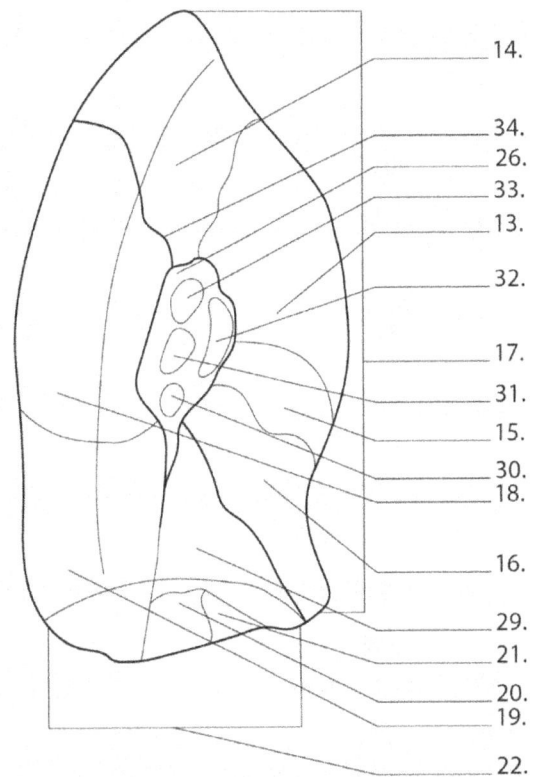

4.
2.
3.
1.
28.
27.

26.

25.
24.

5.

6.
8.
23.
10.

11.

12.

14.

34.
26.
33.
13.

32.

17.

31.
15.
30.
18.

16.

29.
21.
20.
19.

22.

PULMONES

1. Lóbulo superior del pulmón derecho
2. Segmento apical del lóbulo superior del pulmón derecho
3. Segmento anterior del lóbulo superior del pulmón derecho
4. Segmento posterior del lóbulo superior del pulmón derecho
5. Lóbulo medio del pulmón derecho
6. Segmento medial del lóbulo medio del pulmón derecho
7. Segmento lateral del lóbulo medio del pulmón derecho
8. Segmento superior del lóbulo inferior del pulmón derecho
9. Segmento basal anterior del lóbulo inferior del pulmón derecho
10. Segmento basal lateral del lóbulo inferior del pulmón derecho
11. Segmento basal posterior del lóbulo inferior del pulmón derecho
12. Lóbulo inferior del pulmón derecho
13. Segmento anterior del lóbulo superior del pulmón izquierdo
14. Segmento apical-posterior del lóbulo superior del pulmón izquierdo
15. Segmento lingular superior del lóbulo superior del pulmón izquierdo
16. Segmento lingular inferior del lóbulo superior del pulmón izquierdo
17. Lóbulo superior del pulmón izquierdo
18. Segmento superior o lóbulo inferior del pulmón izquierdo
19. Segmento basal posterior o lóbulo inferior del pulmón izquierdo
20. Segmento basal lateral o lóbulo inferior del pulmón izquierdo
21. Segmento basal anterior o lóbulo inferior del pulmón izquierdo
22. Lóbulo inferior del pulmón izquierdo
23. Segmento basal medial del lóbulo inferior del pulmón derecho
24. Vena pulmonar inferior derecha
25. Vena pulmonar superior derecha
26. Hilio
27. Arteria pulmonar derecha
28. Bronquios superiores derechos del pulmón derecho
29. Segmento basal medial anterior del lóbulo inferior del pulmón izquierdo
30. Vena pulmonar inferior del pulmón izquierdo
31. Ramas bronquiales del pulmón izquierdo
32. Vena pulmonar superior izquierda
33. Arteria pulmonar izquierda
34. Fisura oblicua

CORAZÓN (VISTA DIAFRAGMÁTICA)

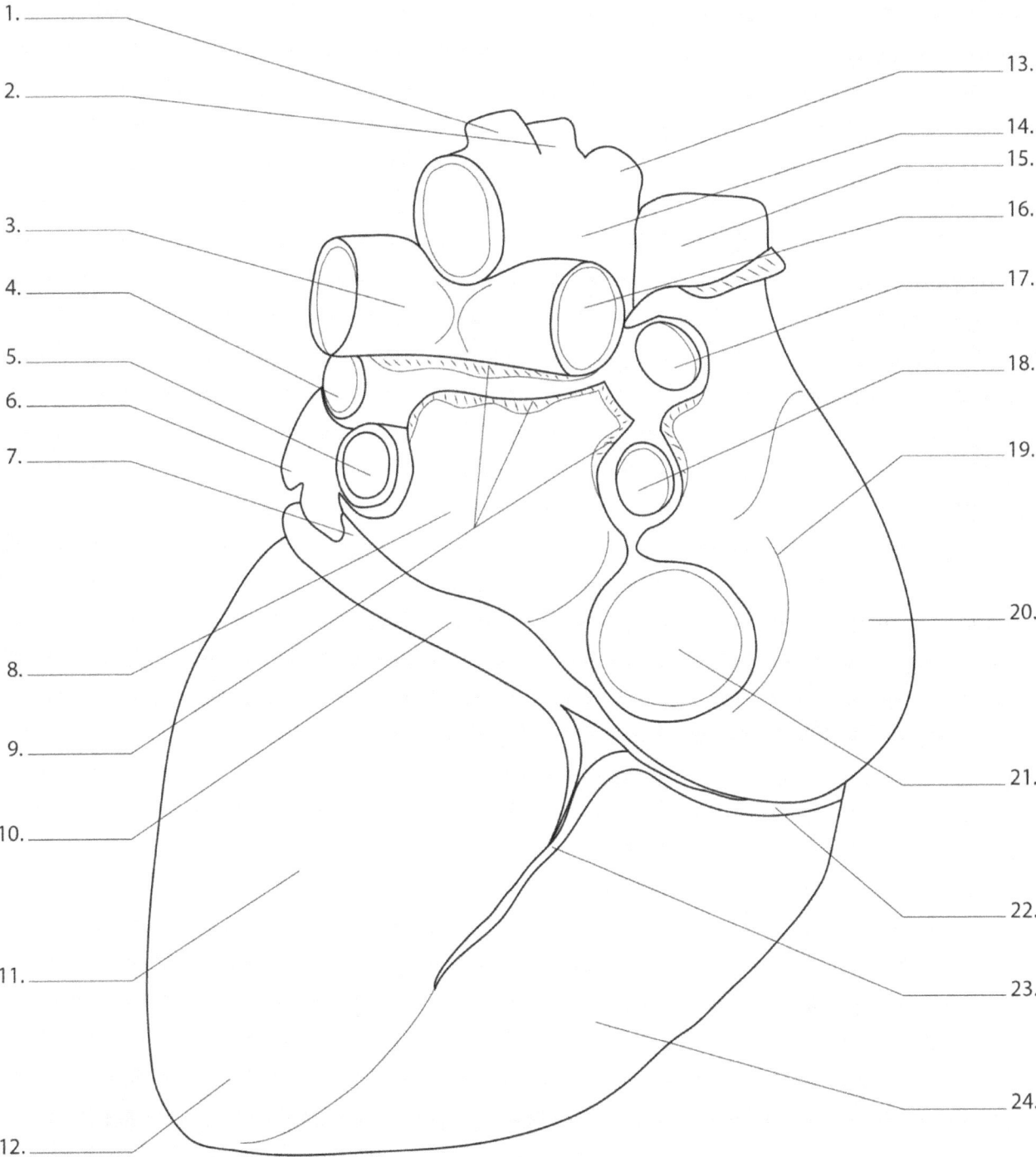

1.

2.

3.

4.

5.

6.

7.

8.

9.

10.

11.

12.

13.

14.

15.

16.

17.

18.

19.

20.

21.

22.

23.

24.

CORAZÓN (VISTA DIAFRAGMÁTICA)

1. Arteria subclavia izquierda
2. Arteria carótida común izquierda
3. Arteria pulmonar izquierda
4. Vena pulmonar superior izquierda
5. Vena pulmonar inferior izquierda
6. Aurícula izquierda
7. Vena oblicua de la aurícula izquierda
8. Aurícula izquierda
9. Reflexión del pericardio
10. Seno coronario
11. Ventrículo izquierdo
12. Apéndice
13. Tronco braquiocefálico
14. Arco de aorta
15. Vena cava superior
16. Arteria pulmonar derecha
17. Vena pulmonar superior derecha
18. Vena pulmonar inferior derecha
19. Sulcus terminalis cordis
20. Aurícula derecha
21. Vena cava inferior
22. Surco coronario
23. Surco interventricular posterior (rama de la arteria coronaria y la vena cardíaca media)
24. Ventrículo derecho

INTERSECCIÓN DEL CORAZÓN

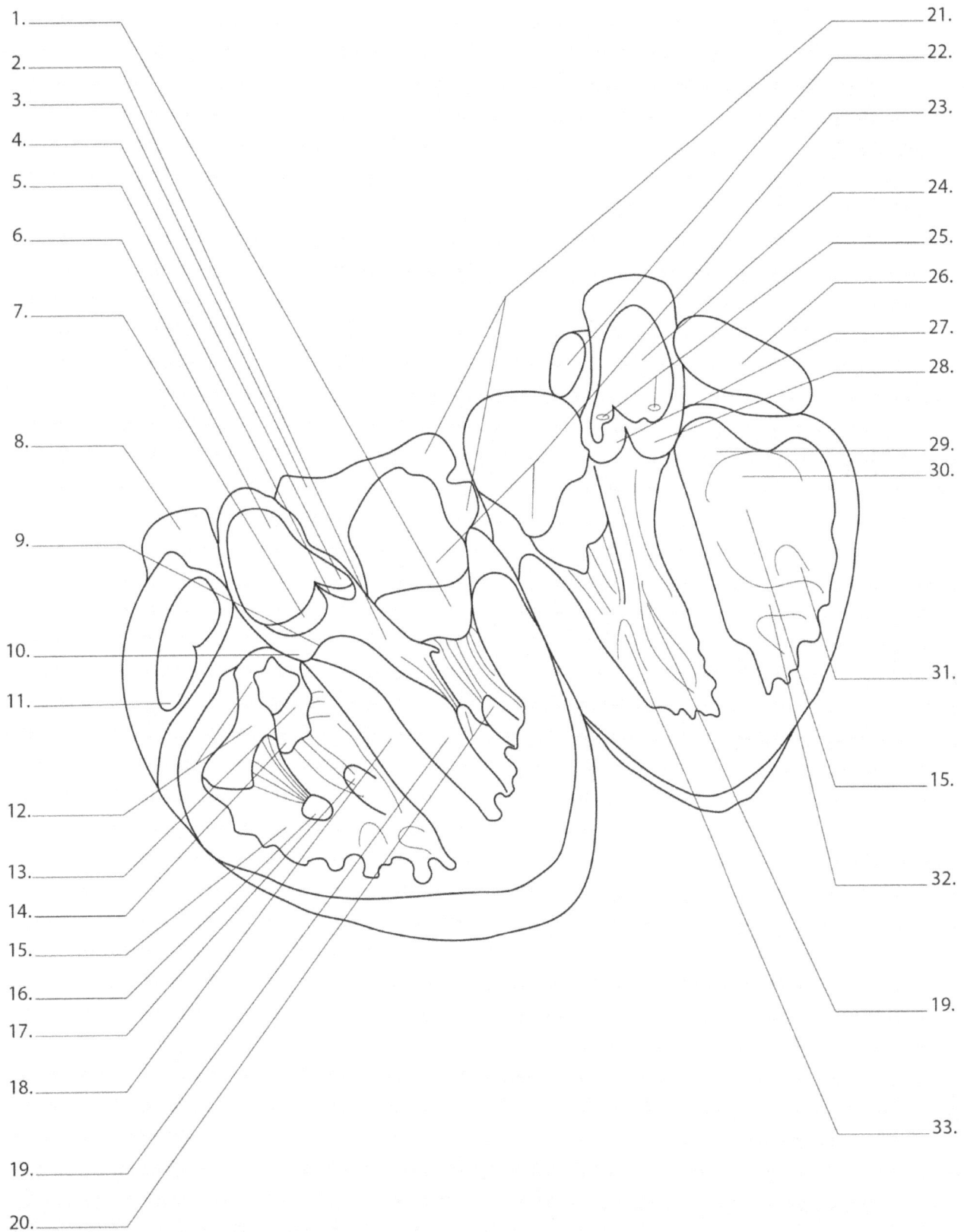

1.

2.

3.

4.

5.

6.

7.

8.

9.

10.

11.

12.

13.

14.

15.

16.

17.

18.

19.

20.

21.

22.

23.

24.

25.

26.

27.

28.

29.

30.

31.

15.

32.

19.

33.

INTERSECCIÓN DEL CORAZÓN

1. Cúspide posterior de la válvula mitral
2. Cúspide anterior de la válvula mitral
3. Vena pulmonar superior derecha
4. Seno aórtico (Valsalva)
5. Cúspide semilunar izquierda de la válvula aórtica
6. La aorta ascendente
7. Cúspide semilunar posterior de la válvula aórtica
8. Vena cava superior
9. Parte auriculoventricular del tabique membranoso
10. Parte interventricular del tabique membranoso
11. Aurícula derecha
12. Cúspide anterior de la válvula tricúspide
13. Cúspide septal de la válvula tricúspide
14. Cúspide posterior de la válvula tricúspide
15. Ventrículo derecho
16. Músculo papilar anterior derecho
17. Músculo papilar posterior derecho
18. Parte muscular del tabique intraventricular
19. Ventrículo izquierdo
20. Músculo papilar posterior izquierdo
21. Venas pulmonares izquierdas
22. Tronco pulmonar
23. Aurícula izquierda
24. La aorta ascendente
25. Apertura de arterias coronarias
26. Aurícula derecha
27. Cúspide semilunar izquierda de la válvula aórtica
28. Cúspide semilunar derecha de la válvula aórtica
29. Crista supraventricularis
30. Flujo de salida al tronco pulmonar
31. Músculo papilar anterior derecho
32. Banda moderadora de trabécula septomarginal
33. Músculo papilar anterior izquierdo

MÚSCULOS DE LA PARED ABDOMINAL ANTERIOR

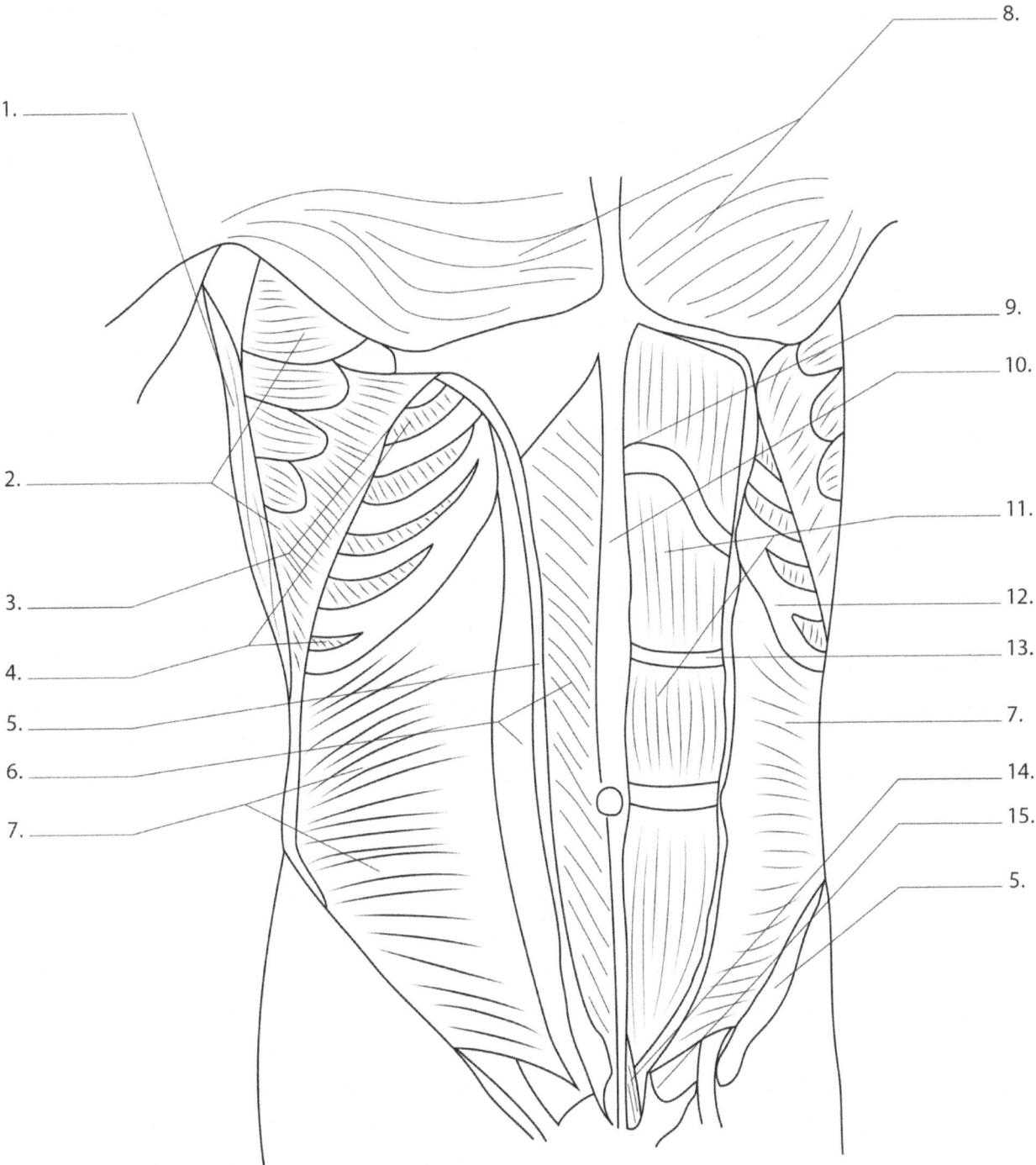

1.

2.

3.

4.

5.

6.

7.

8.

9.

10.

11.

12.

13.

7.

14.

15.

5.

MÚSCULOS DE LA PARED ABDOMINAL ANTERIOR

1. Músculo latissimus dorsa
2. Músculo serrato anterior
3. Músculo oblicuo abdominal externo
4. Músculo intercostal externo
5. Aponeurosis oblicua externa
6. Vaina subrectal
7. Músculo oblicuo abdominal interno
8. Músculo pectoral principal
9. Capa anterior de la vaina del recto
10. Línea alba
11. Músculo recto abdominal
12. Costillas
13. Intersección tendinosa
14. Músculo piramidal
15. Ligamento pectineal

MÚSCULOS DE LA ESPALDA

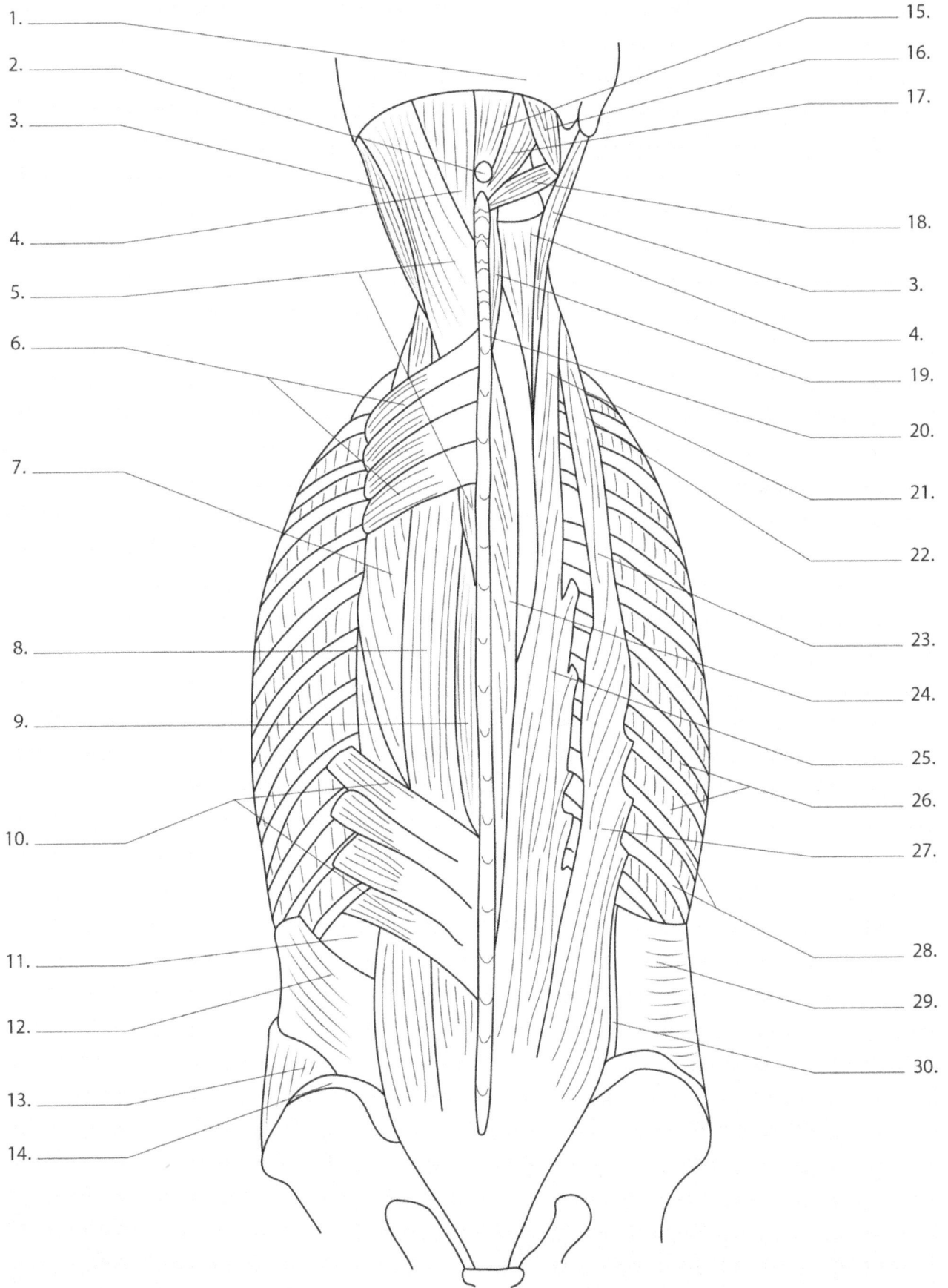

1.

2.

3.

4.

5.

6.

7.

8.

9.

10.

11.

12.

13.

14.

15.

16.

17.

18.

3.

4.

19.

20.

21.

22.

23.

24.

25.

26.

27.

28.

29.

30.

MÚSCULOS DE LA ESPALDA

1. Línea nucal superior del cráneo
2. Tubérculo posterior del atlas (C1)
3. Músculo longissimus capitis
4. Músculo longissimus capitis
5. Músculo esplenio de la cabeza y esplenio cervicis
6. Músculo serrato posterior superior
7. Músculo iliocostalis
8. Músculo longissimus
9. Músculo espinal
10. Músculo serrato posterior inferior
11. Músculo transverso del abdomen
12. Músculo oblicuo interno
13. Músculo oblicuo externo
14. Cresta ilíaca
15. Músculo recto capitis posterior menor
16. Músculo obliquus capitis superior
17. Músculo recto capitis posterior mayor
18. Capitis muscular oblicua inferior
19. Músculo espinal cervicis
20. Médula espinal
21. Músculo longissimus cervicis
22. Músculo iliocostalis cervicis
23. Músculo iliocostalis thoracis
24. Músculo spinalis thoracis
25. Músculo longissimus thoracis
26. Músculo intercostal externo
27. Músculo iliocostalis lumborum
28. Costillas
29. Músculo transverso del abdomen
30. Fascia toracolumbar

ÓRGANOS DE LA CAVIDAD ABDOMINAL

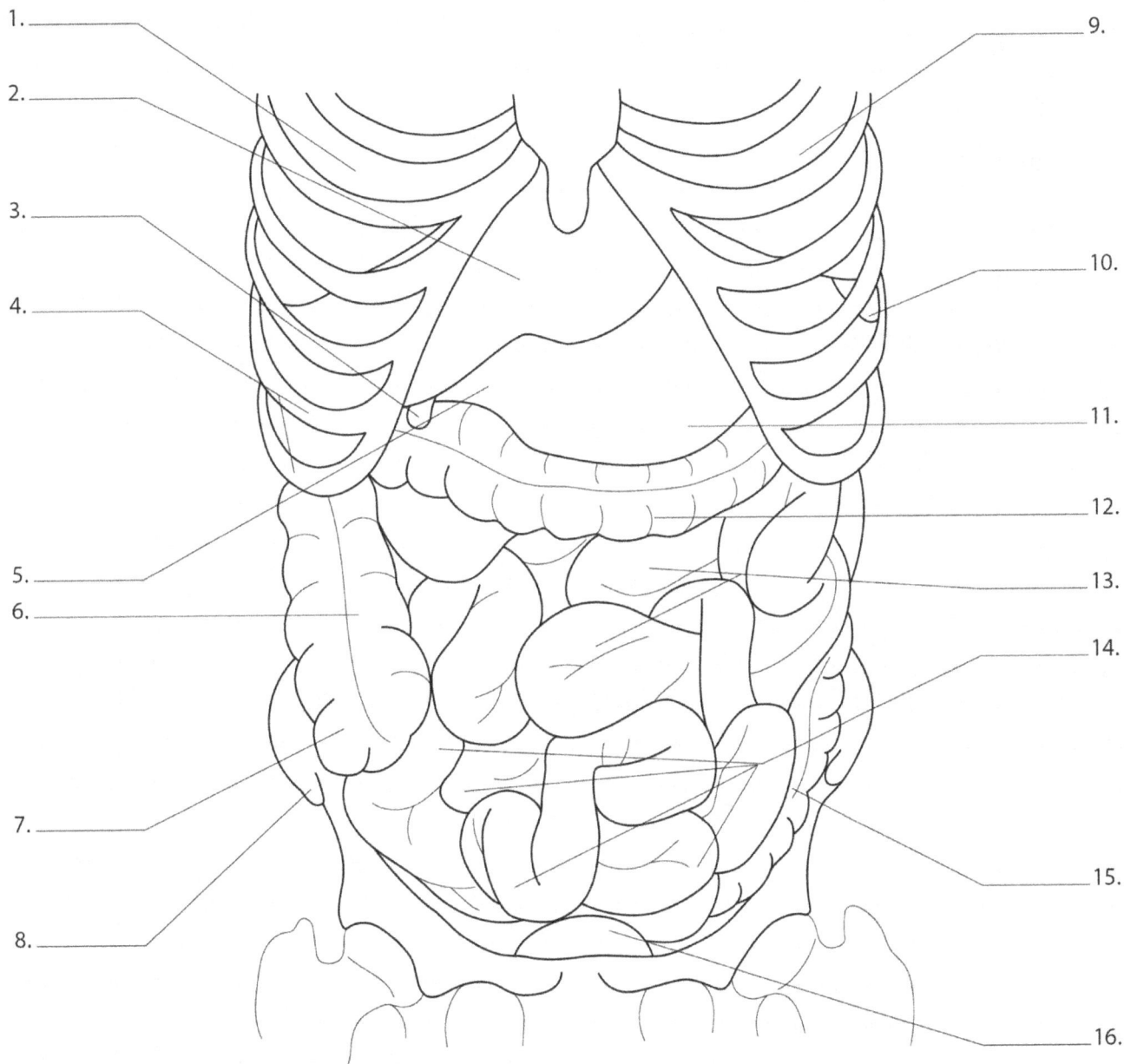

1.

2.

3.

4.

5.

6.

7.

8.

9.

10.

11.

12.

13.

14.

15.

16.

ÓRGANOS DE LA CAVIDAD ABDOMINAL

1. Pulmón derecho
2. Hígado
3. Fondo de vesícula biliar
4. Costillas
5. Píloro
6. Colon ascendente
7. Intestino ciego
8. Espina ilíaca anterior superior
9. Pulmon izquierdo
10. Bazo
11. Cuerpo de estómago
12. Colon transverso
13. Yeyuno
14. Íleon
15. Colon descendente
16. Vejiga urinaria

ÓRGANOS DE LA CAVIDAD ABDOMINAL RETROPERITONEAL

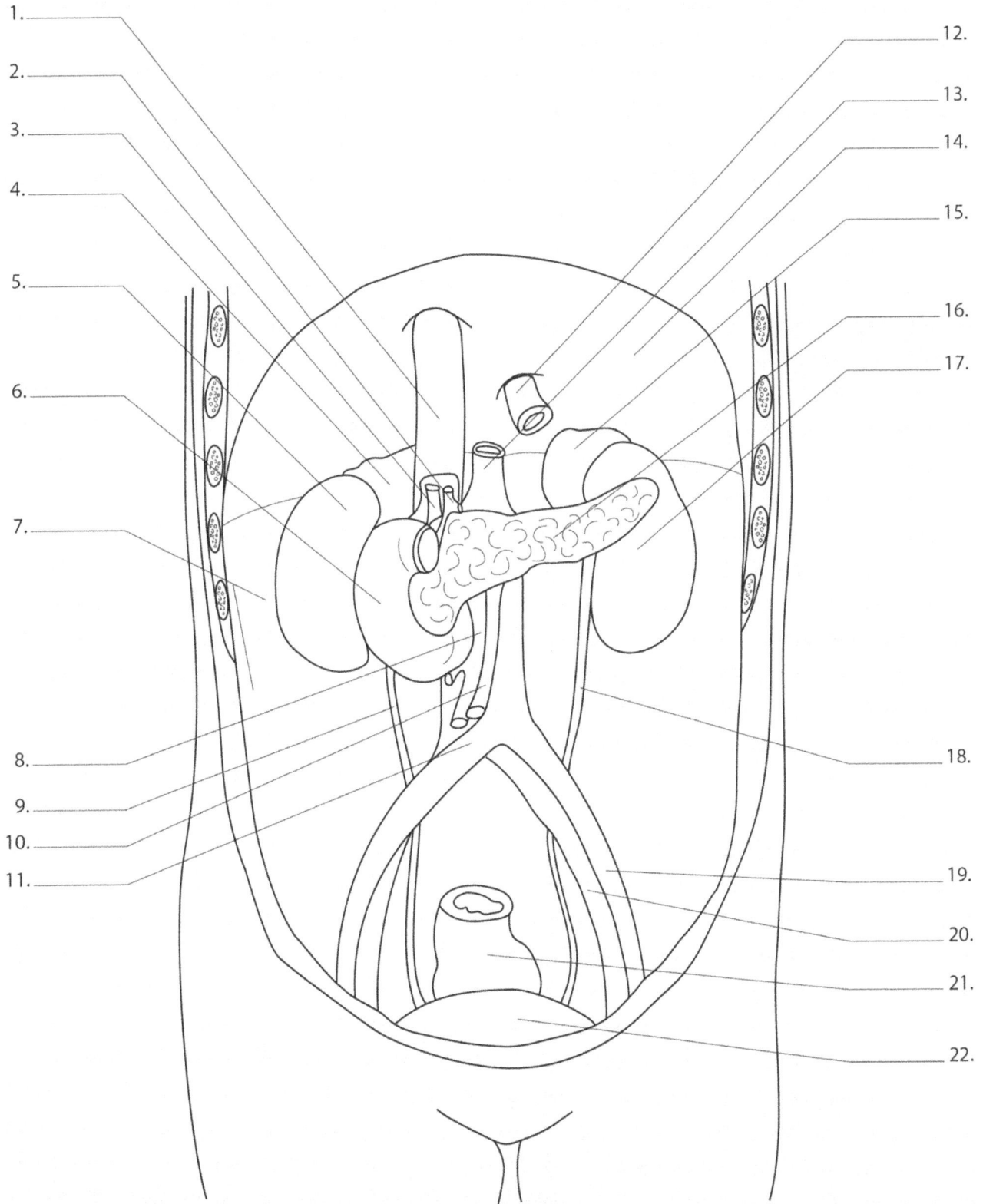

1.

2.

3.

4.

5.

6.

7.

8.

9.

10.

11.

12.

13.

14.

15.

16.

17.

18.

19.

20.

21.

22.

ÓRGANOS DE LA CAVIDAD ABDOMINAL RETROPERITONEAL

1. Vena cava inferior
2. Arteria hepática propia
3. Conducto biliar común
4. Glándula suprarrenal derecha
5. Riñón derecho
6. Duodeno
7. Peritoneo parietal
8. Vena mesentérica superior
9. Uréter derecho
10. Arteria mesentérica superior
11. Arteria iliaca común
12. Esófago
13. Aorta abdominal
14. Diafragma
15. Glándula suprarrenal izquierda
16. Páncreas
17. Riñón izquierdo
18. Uréter izquierdo
19. Arteria iliaca externa
20. Vena iliaca externa
21. Recto
22. Vejiga urinaria

RIÑÓN

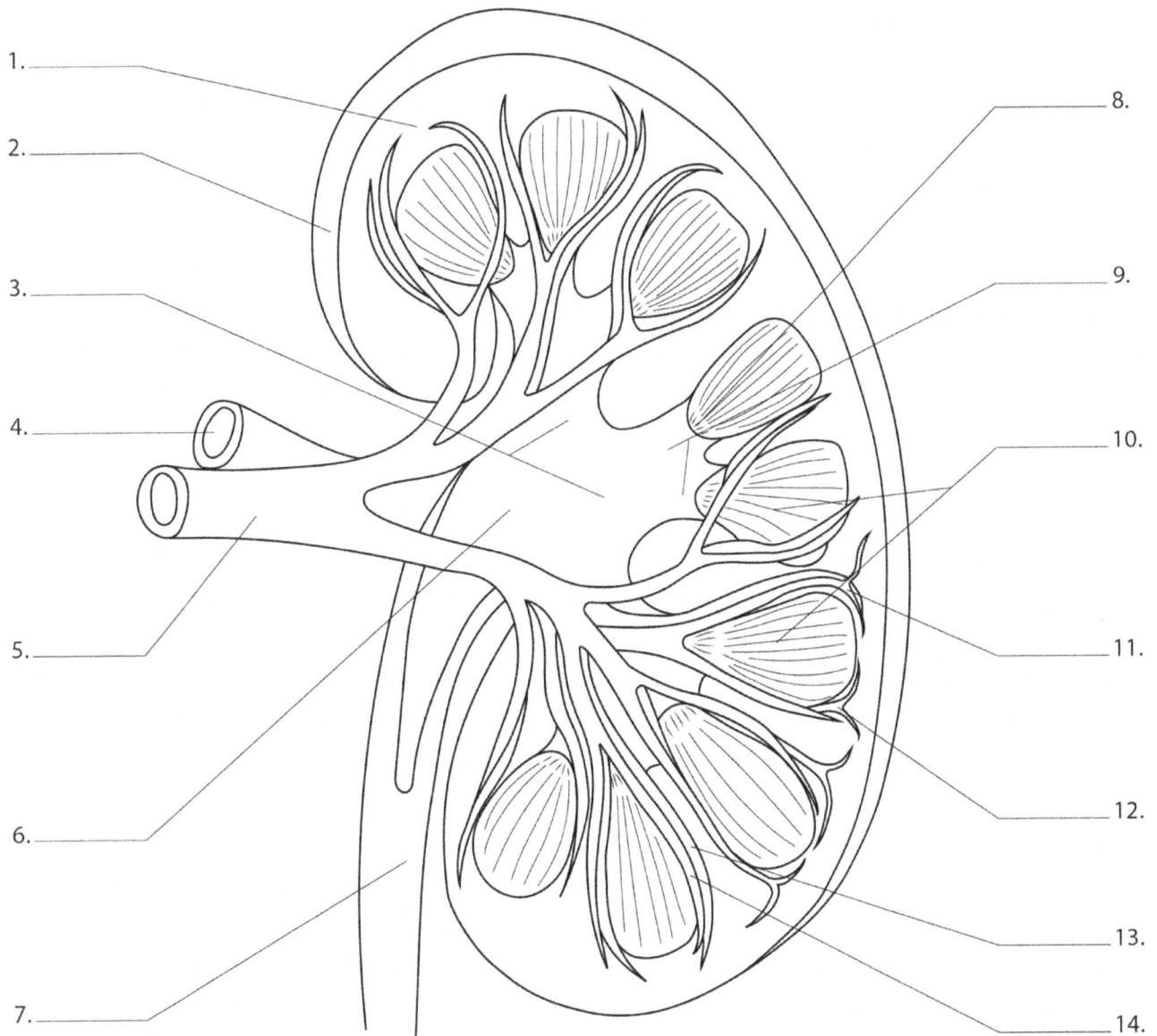

1.

2.

3.

4.

5.

6.

7.

8.

9.

10.

11.

12.

13.

14.

RIÑÓN

1. Corteza

2. Cápsula fibrosa

3. Cálices mayores

4. Arteria renal

5. Vena renal

6. Pelvis renal

7. Uréter

8. Papila renal

9. Cálices menores

10. Médula (pirámides renales)

11. Venas arciformes del riñón

12. Arteria arcuata

13. Arterias interlobulares del riñón

14. Vena interlobulillar

HUESOS DE LA PELVIS

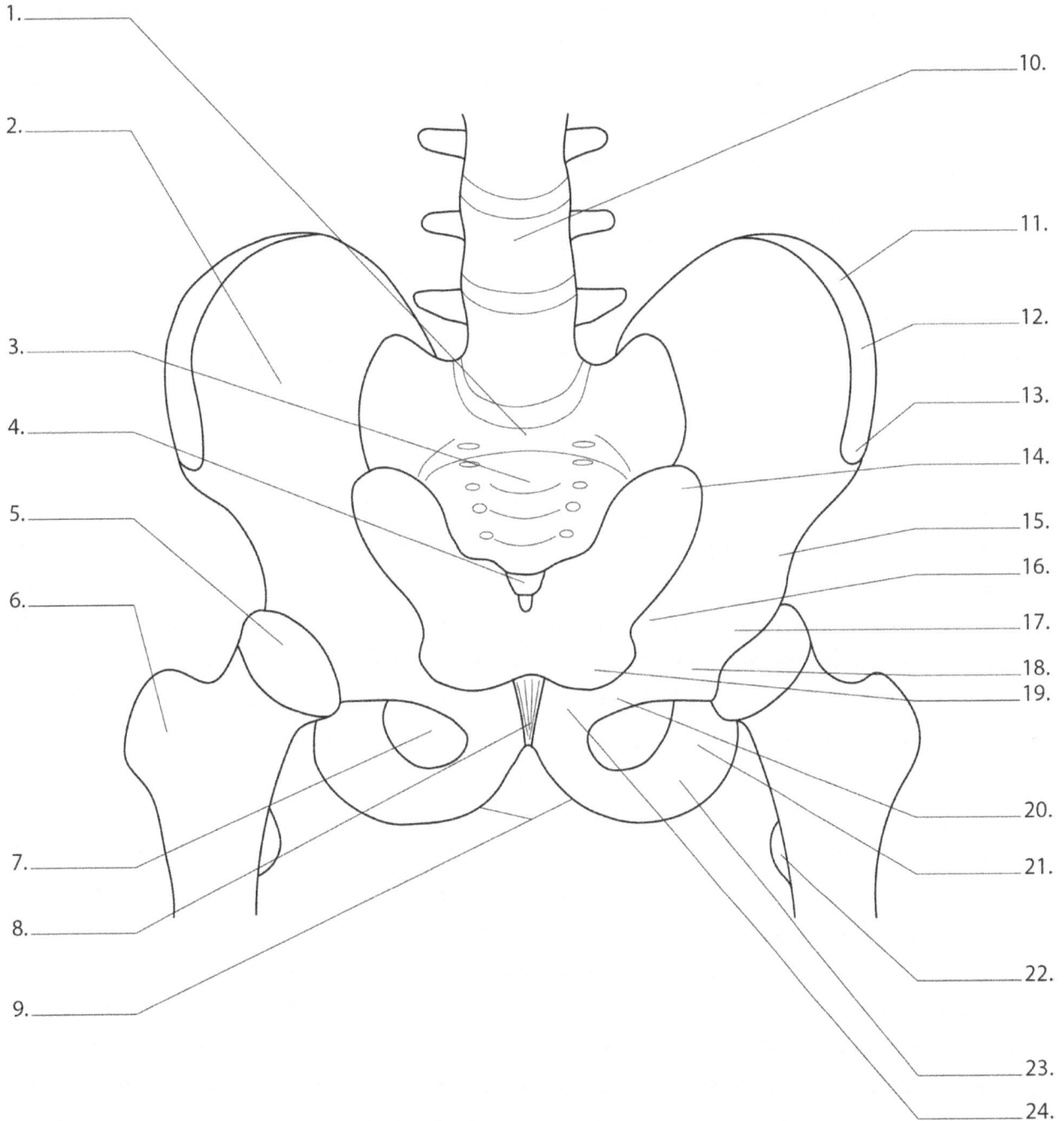

1.
2.
3.
4.
5.
6.
7.
8.
9.
10.
11.
12.
13.
14.
15.
16.
17.
18.
19.
20.
21.
22.
23.
24.

HUESOS DE LA PELVIS

1. Promontorio sacro
2. Ala de ilion
3. Sacro
4. Coxis
5. Cartílago articular
6. Trocánter mayor de fémur
7. Foramen obturador
8. Sínfisis púbica
9. Arco púbico
10. Vértebra lumbar
11. Cresta ilíaca
12. Tubérculo de la cresta ilíaca
13. Espina ilíaca anterior superior
14. Muesca ciática mayor
15. Espina ilíaca anterior inferior
16. Espina ciática
17. Eminencia iliopúbica
18. Línea pectineal
19. Muesca ciática menor
20. Rama púbica superior
21. Tuberosidad isquiática
22. Trocánter menor del fémur
23. Rama púbica inferior
24. Tubérculo púbico

MÚSCULOS DE LA PELVIS FEMENINA

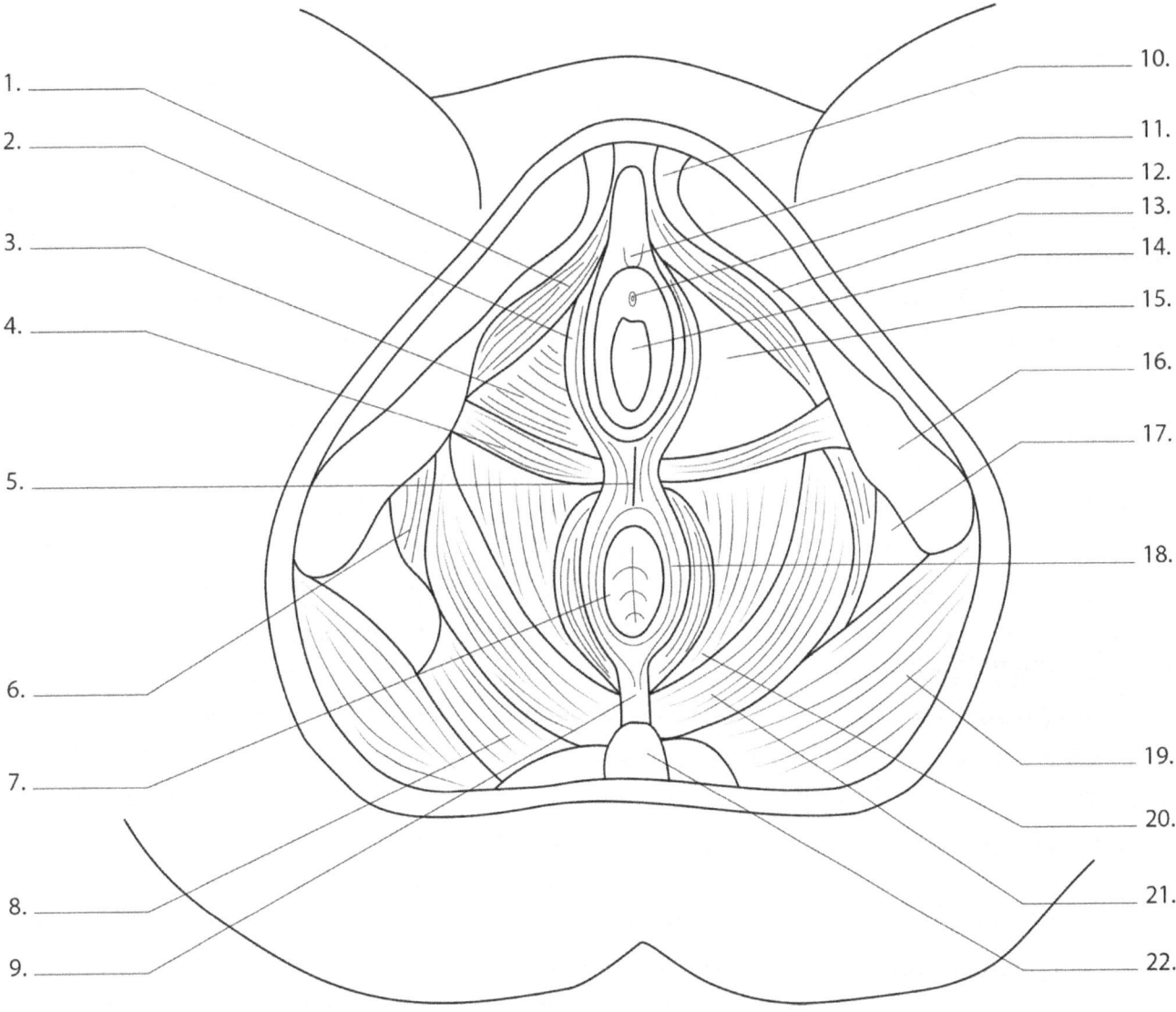

1. _____

2. _____

3. _____

4. _____

5. _____

6. _____

7. _____

8. _____

9. _____

10. _____

11. _____

12. _____

13. _____

14. _____

15. _____

16. _____

17. _____

18. _____

19. _____

20. _____

21. _____

22. _____

MÚSCULOS DE LA PELVIS FEMENINA

1. Músculo isquiocavernoso
2. Músculo bulboesponjoso
3. Músculo perineal transversal superficial
4. Músculo perineal transversal superficial
5. Tendón central del perineo
6. Músculo obturador interno
7. Ano
8. Músculo coccígeo
9. Ligamento anococcígeo
10. Rama púbica inferior
11. Clítoris
12. Uretra
13. Rama isquiopúbica
14. Vagina
15. Membrana perineal
16. Tuberosidades isquiáticas
17. Ligamento sacrotuberoso
18. Esfínter anal externo
19. Músculo glúteo mayor
20. Pubococcígeo muscular
21. Músculo iliococcígeo
22. Coxis

MÚSCULO DE LA PELVIS MASCULINA

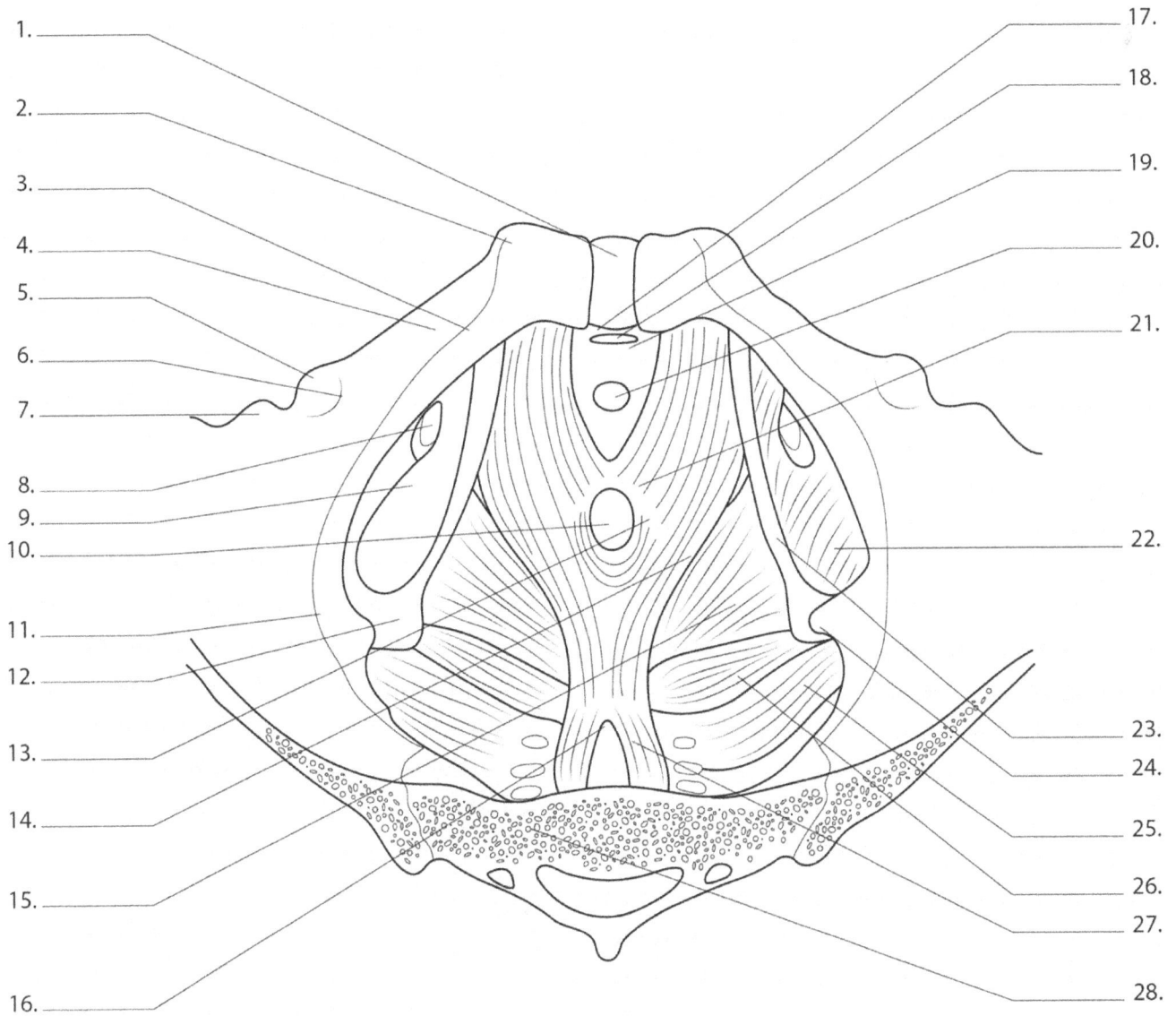

1. _____

2. _____

3. _____

4. _____

5. _____

6. _____

7. _____

8. _____

9. _____

10. _____

11. _____

12. _____

13. _____

14. _____

15. _____

16. _____

17. _____

18. _____

19. _____

20. _____

21. _____

22. _____

23. _____

24. _____

25. _____

26. _____

27. _____

28. _____

MÚSCULO DE LA PELVIS MASCULINA

1. Sínfisis púbica
2. Cresta púbica
3. Pecten pubis
4. Rama superior del pubis
5. Borde del acetábulo
6. Eminencia iliopúbica
7. Espina ilíaca anterior inferior
8. Canal obturador
9. Fascia del obturador
10. Hiato anorrectal
11. Línea arcuata (parte ilíaca de la línea iliopectínea)
12. Espina ciática
13. Músculo puborrectal
14. Músculo pubococcígeo
15. Músculo iliococcígeo
16. Coxis
17. Ligamento púbico inferior
18. Venas dorsales superficiales del pene
19. Ligamento perineal transversal
20. Hiato para uretra
21. Fibras musculares del elevador del ano
22. Músculo obturador interno
23. Arco tendinoso del músculo elevador del ano
24. Espina ciática
25. Músculo piriforme
26. Coccígeo muscular
27. Ligamento sacrococcígeo anterior
28. Sacro

MÚSCULOS DE LA PELVIS FEMENINA

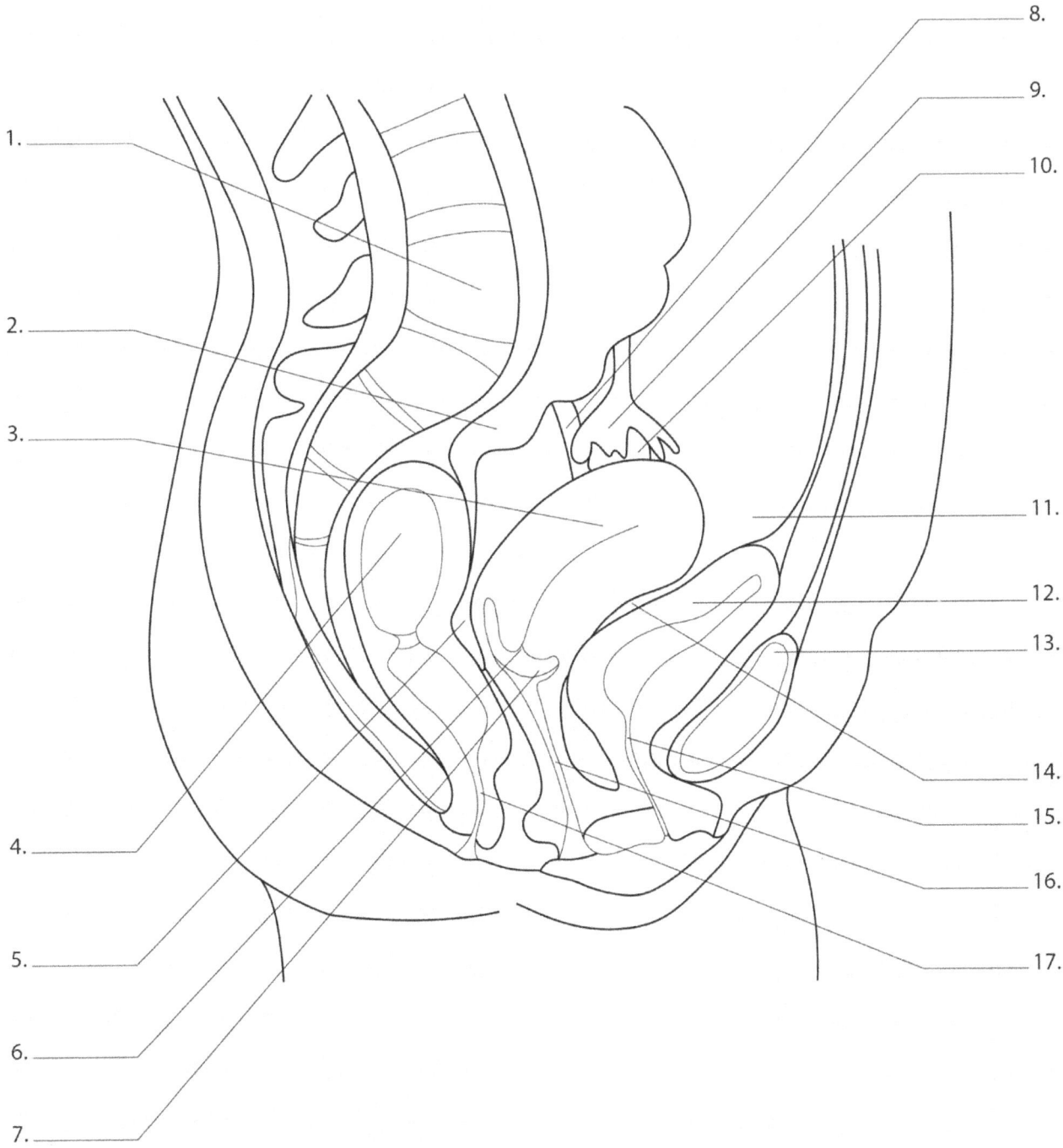

1.
2.
3.
4.
5.
6.
7.
8.
9.
10.
11.
12.
13.
14.
15.
16.
17.

MÚSCULOS DE LA PELVIS FEMENINA

1. Columna vertebral

2. Columna sigmoidea

3. Útero

4. Recto

5. Fondo de saco de Douglas

6. Cuello uterino

7. Cúpula vaginal

8. Uréter

9. Trompa de Falopio

10. Ovario

11. Peritoneo

12. Vejiga

13. Sínfisis púbica

14. Saco vesico-uterino

15. Uretra

16. Vagina

17. Ano

ÓRGANOS DE LA PELVIS MASCULINA

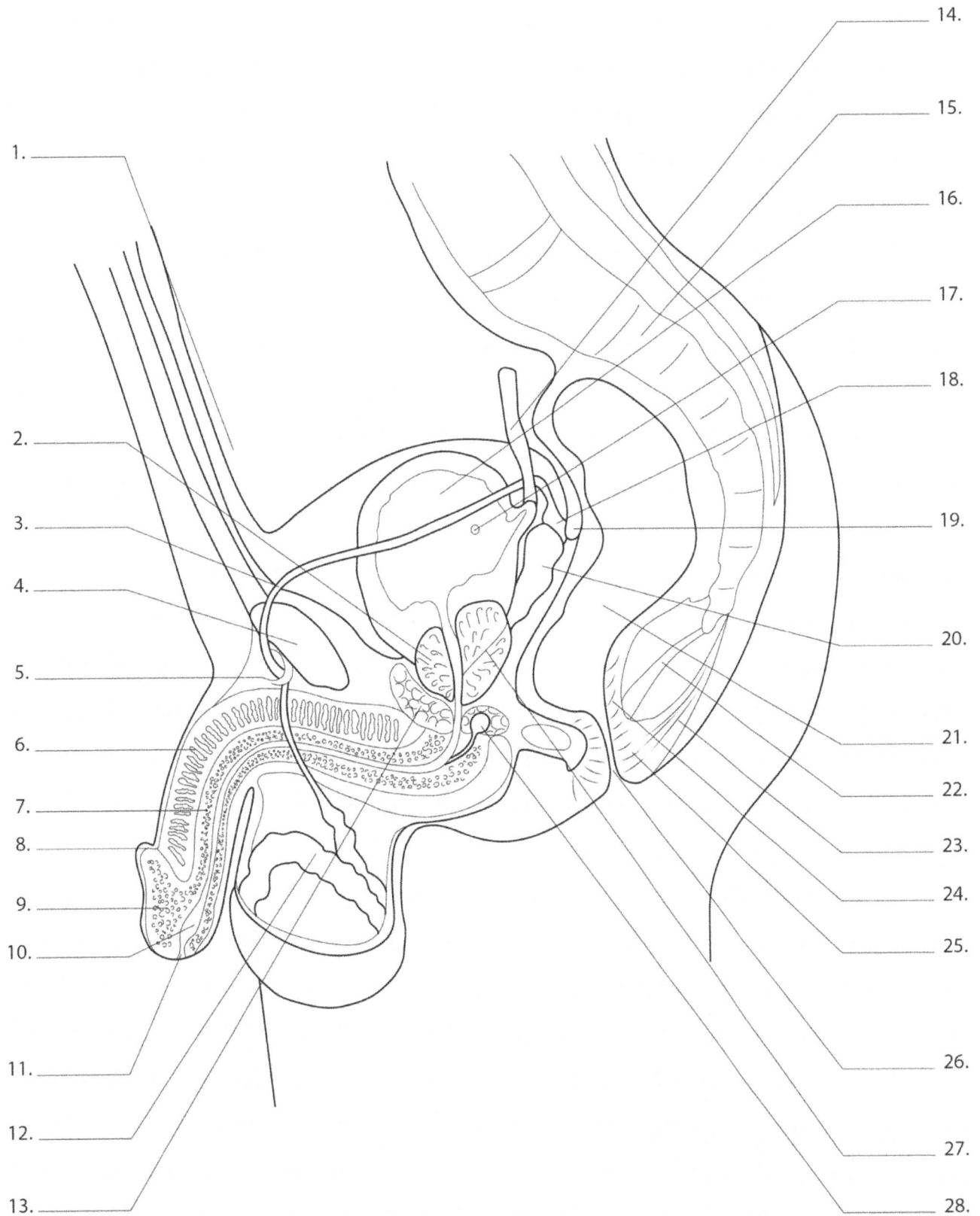

1. _____

2. _____

3. _____

4. _____

5. _____

6. _____

7. _____

8. _____

9. _____

10. _____

11. _____

12. _____

13. _____

14. _____

15. _____

16. _____

17. _____

18. _____

19. _____

20. _____

21. _____

22. _____

23. _____

24. _____

25. _____

26. _____

27. _____

28. _____

ÓRGANOS DE LA PELVIS MASCULINA

1. Peritoneo
2. Glándula prostática
3. Conductos deferentes
4. Sínfisis púbica
5. Ligamento suspensorio del pene
6. Cuerpo cavernoso
7. Cuerpo esponjoso
8. Corona del glande del pene
9. Glande de pene
10. Fosa navicular de uretra
11. Meato urinario externo
12. Epidídimo
13. Músculo esfínter de la uretra
14. Uréter
15. Sacro
16. Vejiga urinaria
17. Apertura de la uretra
18. Ampolla deferente
19. Bolsa recto-vesical
20. Vesícula seminal
21. Recto
22. Músculo elevador ani
23. Ligamento anococcígeo
24. Esfínter anal interno
25. Esfínter anal externo
26. Ano
27. Conducto eyaculador
28. Conducto y glándula bulbouretral

ESQUELETO (VISTA FRONTAL)

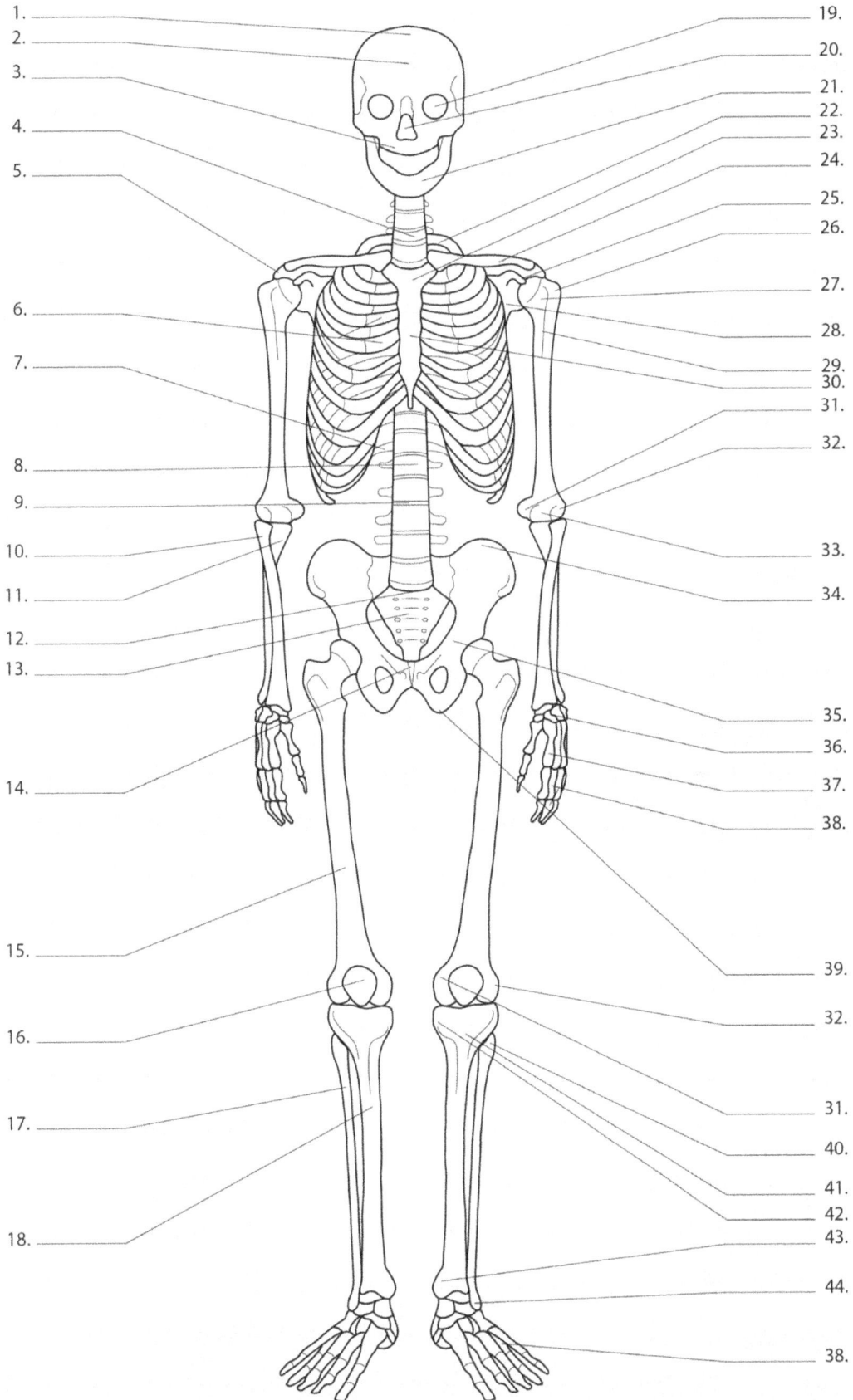

1. _____
2. _____
3. _____
4. _____
5. _____
6. _____
7. _____
8. _____
9. _____
10. _____
11. _____
12. _____
13. _____
14. _____
15. _____
16. _____
17. _____
18. _____

19. _____
20. _____
21. _____
22. _____
23. _____
24. _____
25. _____
26. _____
27. _____
28. _____
29. _____
30. _____
31. _____
32. _____
33. _____
34. _____
35. _____
36. _____
37. _____
38. _____
39. _____
32. _____
31. _____
40. _____
41. _____
42. _____
43. _____
44. _____
38. _____

ESQUELETO (VISTA FRONTAL)

1. Cráneo
2. Hueso frontal
3. Maxilar
4. Vértebra C7
5. Acromión
6. Cartílago costal
7. 12a costilla
8. Vértebra L1
9. Disco intervertebral
10. Radio
11. Cúbito
12. Vértebra S1
13. Sacro
14. Sínfisis púbica
15. Fémur
16. Rótula
17. Peroné
18. Tibia
19. Cavidad orbitaria
20. Cavidad nasal
21. Mandíbula
22. Primera costilla
23. Manúbrio
24. Clavícula
25. Apófisis coracoides
26. Tubérculo mayor del húmero
27. Tubérculo menor del húmero
28. Escápula
29. Húmero
30. Esternón
31. Epicóndilo medial
32. Epicóndilo lateral
33. Capitulo del húmero
34. Ilíaco
35. Pubis
36. Carpiano
37. Metacarpiano
38. Falanges
39. Isquion
40. Cabeza del peroné
41. Tuberosidad tibial
42. Cóndilo Tibia medio
43. Maléolo medial
44. Maléolo lateral

ESQUELETO (VISTA POSTERIOR)

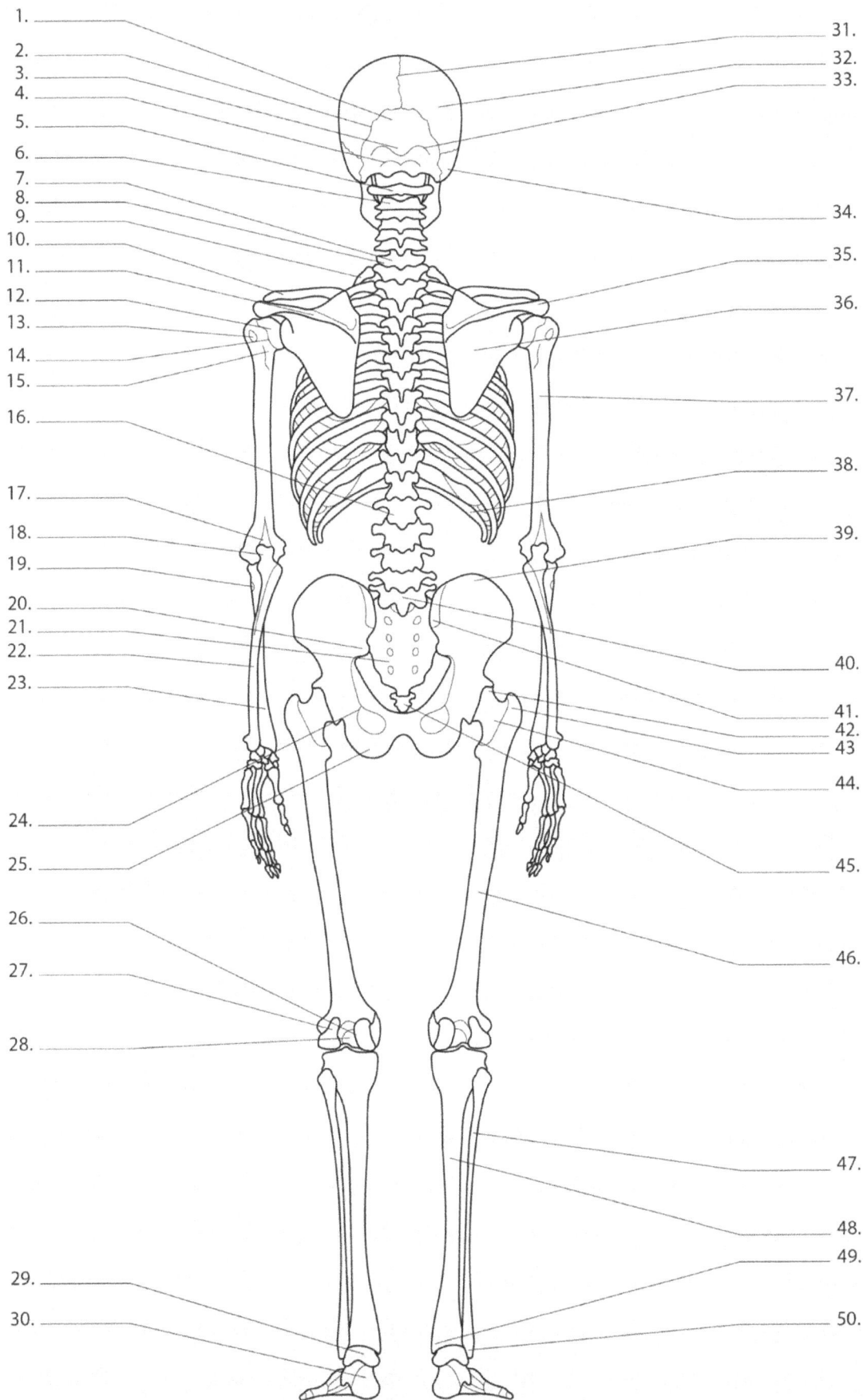

1.
2.
3.
4.
5.
6.
7.
8.
9.
10.
11.
12.
13.
14.
15.
16.

17.
18.
19.

20.
21.
22.
23.

24.

25.

26.

27.

28.

29.
30.

31.
32.
33.

34.

35.

36.

37.

38.

39.

40.

41.
42.
43.
44.

45.

46.

47.

48.

49.

50.

ESQUELETO (VISTA POSTERIOR)

1. Occipital
2. Sutura lambdoidea
3. Protuberancia occipital externa
4. Línea nucal inferior
5. Atlas (C1)
6. Eje (C2)
7. Vértebra C7
8. Vértebra T1
9. Primera costilla
10. Clavícula
11. Espina de la escápula
12. Cabeza del húmero
13. Tubérculo mayor del húmero
14. Cuello anatómico
15. Cuello quirúrgico
16. Vértebra L1
17. Fosa olecraniana
18. Olécranon
19. Tuberosidade radial
20. Espina ilíaca posterior superior
21. Sacro
22. Cúbito
23. Radio
24. Espina ciática
25. Tuberosidades isquiáticas
26. Cóndilo femoral medio
27. Cóndilo femoral lateral
28. Fosa intercondilar
29. Astrágalo
30. Calcáneo
31. Sutura sagital
32. Hueso parietal
33. Línea nucal superior
34. Hueso temporal
35. Acromión
36. Escápula
37. Húmero
38. 12a costilla
39. Ilíaco
40. Vértebra L5
41. Espina ilíaca posterior superior
42. Cabeza del fémur
43. Trocánter mayor
44. Cuello del fémur
45. Coxis
46. Fémur
47. Peroné
48. Tibia
49. Maléolo medial
50. Maléolo lateral

www.ingramcontent.com/pod-product-compliance
Lightning Source LLC
Chambersburg PA
CBHW051353200326
41521CB00014B/2560